一生熱愛高爾夫球的王永在（1922年1月8日－2014年11月27日）

1935年王永在（第三排左四）嘉義崇文國校畢業照

1942年王永在與王碧鑾結婚，並與父親王長庚（前排左三）、母親王詹樣（前排右三）、哥哥王永慶（後排右四）等人合影。

1955年的王永在（合照中為前排左二）

1958年王永在決定結束木材事業。接到阿兄王永慶一通電話後，便南下台塑高雄廠打拼，並於4月17日留下「信興製材廠創設十二週年」紀念照。王永在身旁，穿西裝腳踩木屐的就是陳天信。

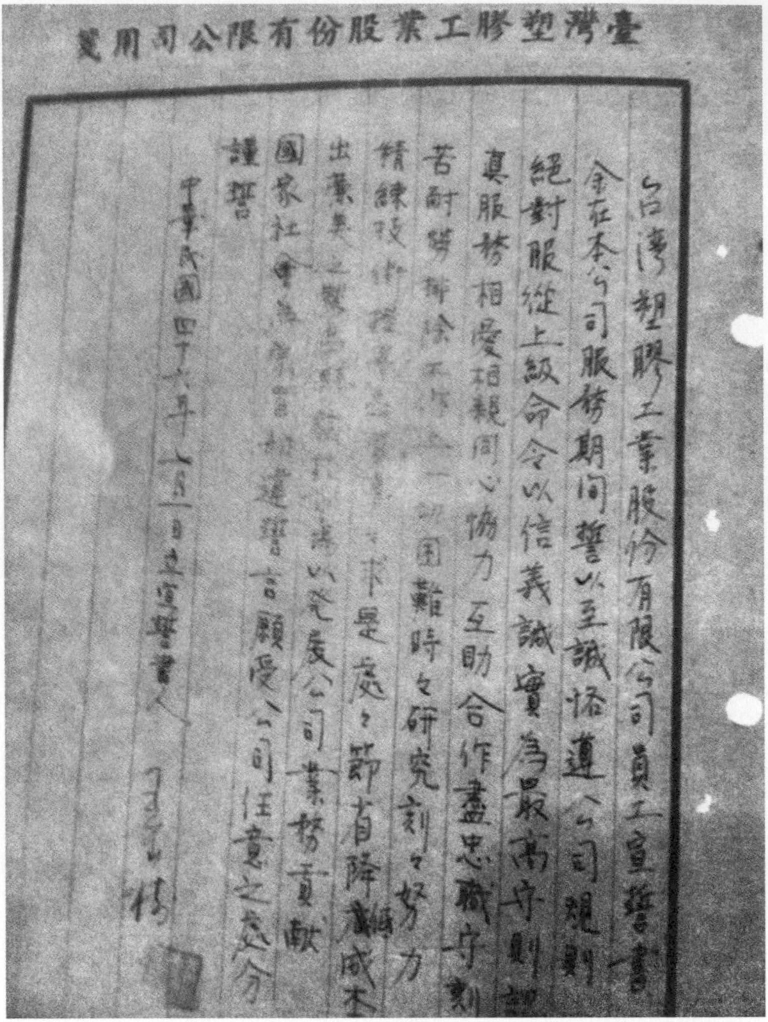

臺灣塑膠工業股份有限公司用箋

台灣塑膠工業股份有限公司員工宣誓書

余在本公司服務期間誓以至誠恪遵公司規則絕對服從上級命令以信義誠實為最高守則認真服務相愛相親同心協力互助合作盡忠職守刻苦耐勞排除[illegible]一切困難時々研究刻々努力精練技術[illegible]求是處々節省降低成本出產[illegible]以發展公司業務貢獻國家社會[illegible]違誓言願受公司任意之處分

謹誓

中華民國四十六年[illegible]月[illegible]日立宣誓書人 [illegible]

王金樹1957年到台塑工作時簽署的宣誓書

1960年王永在出任台塑高雄廠經理，
與廠區主管曾金源（左一）、王金樹（左二）、吳欽仁（右二）、李天賜等人合照。

1960年王永在與信興製材廠員工合照

1960年，王永在陪同客人參觀南亞膠皮生產。右一為當時的南亞主管王敬堂。
王敬堂於1973年跟隨南亞主管鄧秋水離開，共同創立「三芳化學」。

1965年台化破土奠基

1962年的王永在、王金樹（前排戴帽者）、王永慶（左一）。

王永在與王金樹至歐洲考察，行經瑞士合影。

（左起）秦本鑑、王金樹、王永在同赴歐洲考察。
秦本鑑不僅為南亞經銷商，更是王家二代成員赴英國留學時的監護人。

王永在與楊兆麟（左一）在台北辦公室。如今楊兆麟是最高行政中心委員。

王永在於台北市南京東路二段1號的台塑台北辦公大樓

早年王永慶、王永在一同出國。1970年後因安全考量，兩人便再也不曾一起出國了。

王永慶至王永在羅東家中，兩人合影留念。

1970年的王永慶、王永在。左為三娘李寶珠。

1980年王永在夫婦與母親王詹樣女士

王永在的68歲生日

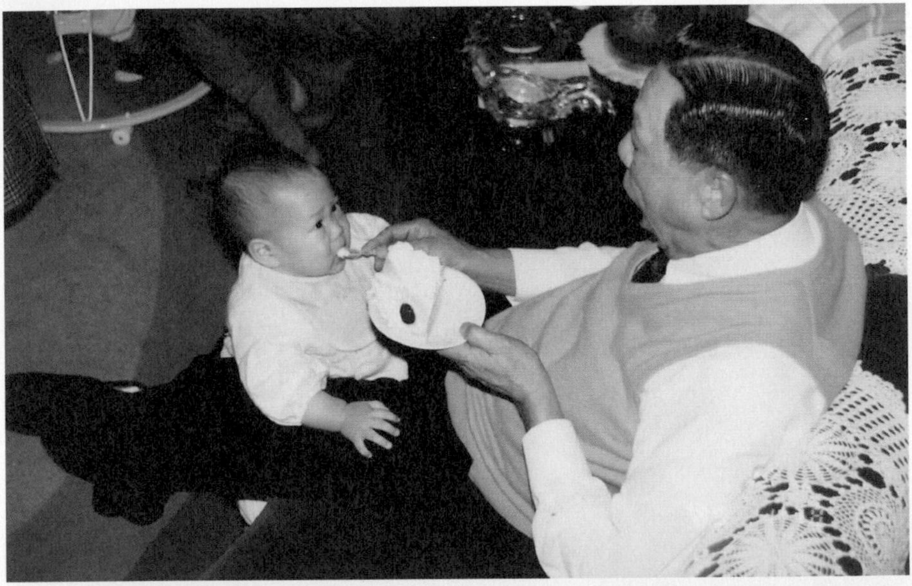

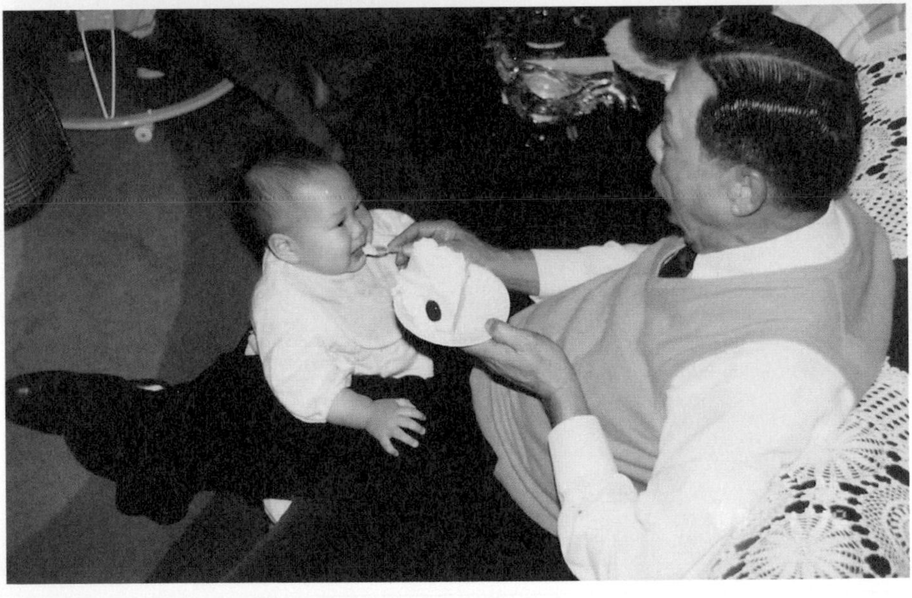

王永在68歲生日，與王文潮的長子Henry。

王永在68歲生日，與次子王文潮、Henry合照。

與Henry於1990年的台塑運動會

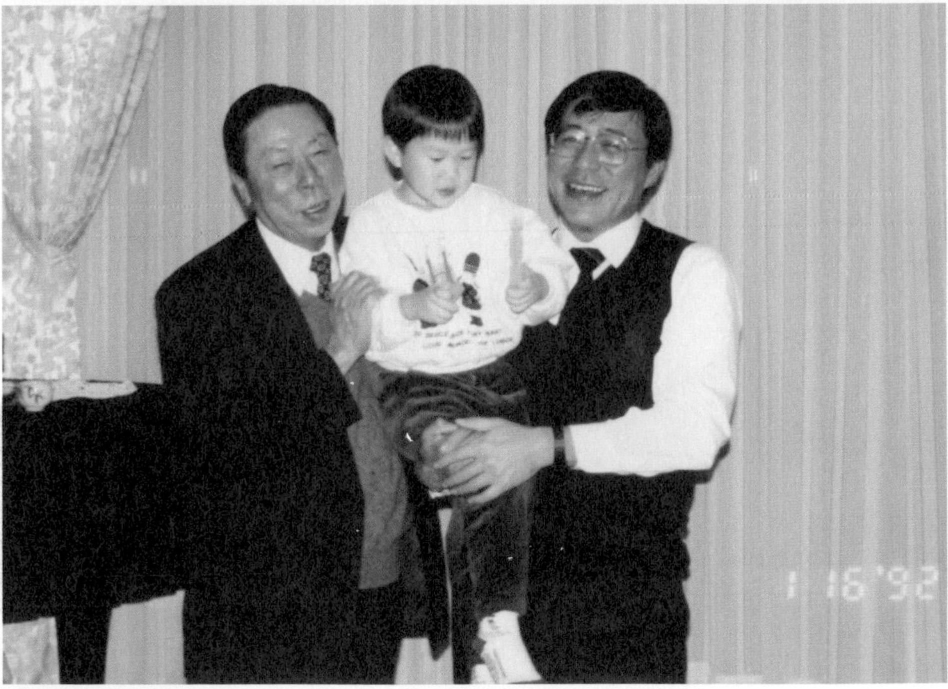

1992年與王文潮和Henry

王永在、周由美出席兒子王文堯的婚禮

與王文堯次子

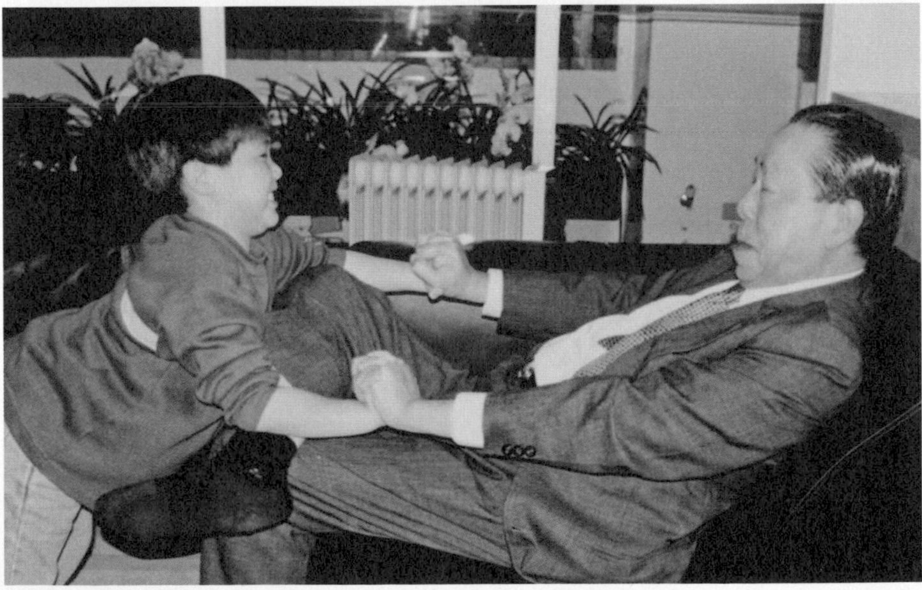

與王文堯長子

009

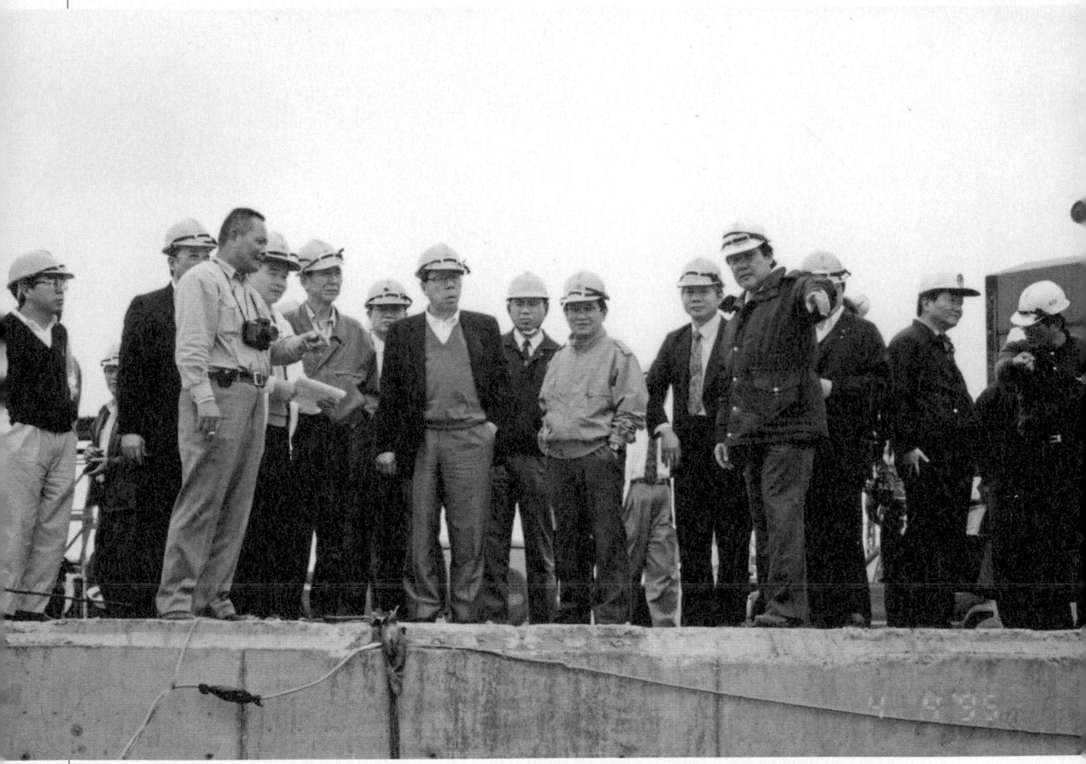

從1994年填海造陸、與海爭地到1998年完工投產，王永在總是不辭辛勞前往雲林麥寮的六輕召開工程專案會議。他凌晨4點就從台北出發，數年如一日從不間斷，親自主持工程會議多達225次。

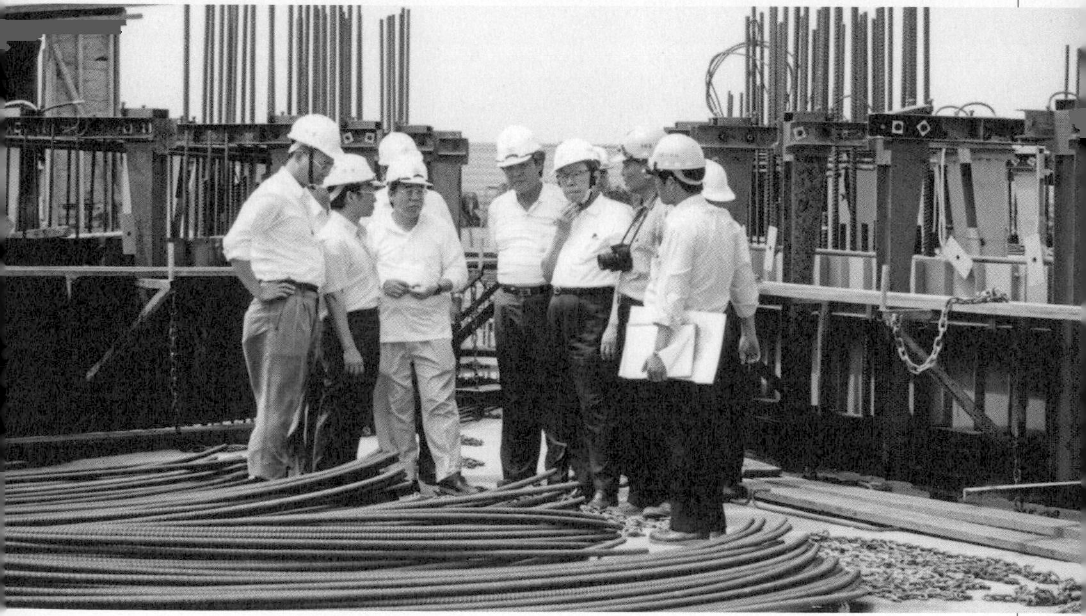

長子王文淵（上圖左二、下圖左三）經常陪伴父親視察六輕工程。
告別式上，王文淵於悼詞中回憶父親建造六輕時的辛勞，
與麥寮「風頭水尾」的惡劣環境，感觸良多；甚至淚水潰堤、無法言語。

王永慶、王永在、王文淵於1999年於台塑大樓內舉辦的台化紡織展。

高爾夫球讓王永在結交了許多好友。因此而熟識的何既明醫師（藍色外套者），同時也是李登輝多年來的摯友。後來王永在請託何既明居中協調，成功化解了李登輝與王永慶之間的心結，六輕也才能得到政府的支持並落腳雲林。

2007年，王永在率領王文淵等集團高層拜會當時的浙江省委書記習近平。
左二起為李志村、王文淵、習近平、王永在、周由美。

2003年王永在於台塑大樓二樓會議室接受媒體採訪

2006年的王永在。這一年，也是台塑集團世代交替的時刻。

2011年1月8日王永在90歲壽辰，在最愛的長庚球場與數十名多年球友、親友一同度過。王文淵拉著爸爸的手切蛋糕。

右一為王文淵。王永在身旁著粉色上衣者即二房周由美，黑色上衣者是李寶珠。

2014年12月14日王永在告別式
王文淵、王文潮、王文堯一起送父親最後一程。

孤隱的王者

台塑守護之神 王永在

姚惠珍——著

目錄

推薦序

台塑董事長　李志村

從我一九五八年進入台塑集團迄今，已經是第五十七年。看著台塑集團從當年一間位在稻田中間的小工廠，到今日名列全球前十大石化集團，要歸功於兩位創辦人的合作無間，以及不斷追求企業成長與突破的共同理念。但外界總將光環都給了董座王永慶先生一人，老實說，對總座王永在先生並不公平。不過，總座從來沒有表現出受委屈的樣子，連一句抱怨都沒有，這是很了不起的。

《孤隱的王者——台塑守護之神王永在》這本書以比較中立的觀點，忠實呈現出總座對台塑集團的貢獻。讓外界知道，沒有王永在，就不會有今日的六輕，台塑集團也不會因為六輕而聞名全球。所以，台塑集團有兩位創辦人，缺一不可，董座王永慶享有「經營之神」的光環，總座王永在也應該同樣享有外界的掌聲，這是屬於他的榮耀。

長年跟隨兩位創辦人，走過草創時期的艱辛、度過政經局勢動盪紛擾的年代，有一件事情我感觸很深，也從來沒有對外說過。但在今日這種排富反商的社會氛圍下，我想特別說明一下。

一九七一年十月，中華民國退出聯合國，國內瀰漫著一股躁動不安的氣氛，許多人紛紛處分掉台灣的資產，申請移民國外。兩位創辦人王永慶與王永在那時已經非常富有，但他們從沒想過撤資台灣，反而還要大手筆加碼在台灣的投資。所以我們在一九七二年，委由史丹佛研究院（Stanford Research Institute）的嚴演存教授幫我們評估輕油裂解廠計畫可行性研究報告；然後，我們還在一九七三年跟政府提出申請三輕計畫，後來遭到拒絕。

事實上，在那時候，有一位蔣家十分器重的政府官員，在當時是權傾一時的政治人物，就曾以好友的身分跟兩位創辦人勸說：「台灣很可能會被中國收復，你們還是不要在台灣投資那麼大的計畫，風險很高。中國共產黨如果收復台灣，你們就什麼都沒有了。」結果兩位創辦人跟那位重要人士說：「就算台灣真的被中國收復、共產黨掌管政府，我投資的工廠被收歸國有；雖然對我個人來說，我失去了這座工廠；但對台灣來說，這座工廠還是留下來了。那又有什麼關係？」

我會知道這件事情，是因為我跟王金樹都參與了那場會晤，我們就在那聽到他們三人討論這件事情。在那個動盪的年代、在很多人都選擇撤資台灣的時候，兩位創辦人還有這股雄心壯志申請興建三輕，因為他們認為就算工廠變成國家的也沒關係，好歹是留在台灣，好歹是對台灣有幫助；而且是兩位創辦人都有這樣的想法。我不能說出那位政要的名字，因為以那個人當時的身分不能說出這樣的話，他是把兩位創辦人當好朋友才這樣勸誡。

我今天會講出這件事情，只是想讓大家知道：兩位創辦人努力發展事業，從來都不是為了個人享受或累積財富。他們就是不斷追求突破、要成就一個非凡的事業；他們要讓台塑集團可以站在國際舞台上，跟全世界一流的大企業競爭；他們要證明台灣人也不輸歐、美、日，一樣可以蓋出世界級的工廠。最終，他們希望台塑集團能永續經營。

無庸置疑，兩位創辦人非常富有。但對他們來說，資金是他們發展事業的工具，財富是事業發展的結果。兩位創辦人勇於夢想，享受的是將夢想實踐的過程，但他們從來都不會把財富花在享樂上。他們節儉的程度，比一般中小企業有過之而無不及。他們出國搭經濟艙、家裡沒有進口貨、手上不戴名錶，就連當初我們建議長庚球場的餐廳是不是要委由飯店來承包，都被兩位創辦人否決了，說「我們不要奢侈的，這樣就可以了」。

他們認為「富不過三代」，所以財富應該要回饋社會，而且要親力親為。不同於一般企業捐款行善，台塑集團不管是認領台灣因九二一大地震所倒塌的老舊校舍重建工程，或是在中國捐贈興建的「明德小學」，通通都是台塑集團花錢出力自己蓋的。因為創辦人認為民間企業效率好，與其把錢捐給政府讓公家單位來做，還不如台塑集團自行興建來得有效率。所以過去十多年，台塑集團已經在中國興建了近五千所的明德小學，希望能讓所有貧窮困苦的人，都可以透過教育來逆轉自己的命運。

現在社會「排富反商」很厲害，因為有錢的人會炫富，沒有錢的人就會忌妒，這樣社會不會安寧。我今天特別提到這一點，就是希望社會上有能力的人可以向兩位創辦人學習，少點奢華、多點善行，改善這種

「排富反商」的對立氛氛，國家社會才能更安定。

我在台塑集團服務超過半個世紀，相當感念能獲得兩位創辦人的高度信任與充分授權，他們非常尊重專業，從不拒諫、也不堅持己見，勇於改變自己的態度與做法。只要是有建設性的案子，兩位創辦人都會放手讓我們嘗試，讓我們在工作上可以盡情發揮。隨著台塑企業發展，我有幸參與了在台灣、美國及中國等地的重大擴建計畫，從中學習到很多。能與台塑企業共同奮鬥、成長及茁壯，過程中雖然辛苦，但是我深切覺得這是一件非常幸福的事。我希望年輕的一代可以在工作中找到熱忱，找到這樣的幸福。

前言

二〇一四年十一月二十七日十二點三十八分，台塑集團正式發布創辦人王永在辭世新聞稿。文中說明：「創辦人王永在先生因年事已高，上午十一點十五分在家中安詳辭世，親人均隨伺在側。台塑企業體員工聞此噩耗，均同感哀戚。」短短一行字，為王永在九十三歲的人生畫下了句點，也宣告台塑集團創業第一代凋零，王永慶、王永在兩兄弟一生功過，蓋棺論定。

自二〇〇六年台塑集團世代輪替，王永在長子王文淵出任台塑集團總裁後，王永在的阿茲海默症病情日趨惡化，在辭世前已有近兩年與世隔絕，外界已忘了台塑集團開疆闢土的第一代，就連王永在也忘了他自己。

事實上，終此一生，王永在從未被記得。

一九九四年之前，台塑集團僅是台灣石化業一方之霸，但在世界舞台默默無名；一九九八年，六輕工程填海造陸兩千兩百二十五公頃，震驚全球石化業。台塑集團因六輕聞名世界，但全世界沒有人知道誰是Y.T. Wang（王永在），只知有一位Y.C. Wang（王永慶）。台塑集團只能有一個神祇，阿兄王永慶是經營之神，王永在再怎麼居功厥偉，也只能是神背後無聲的守護者。

然而，從未在鎂光燈下享受掌聲的王永在，不僅是六輕工程實際的操盤者，更是台塑集團後期檯面下的主要決策者。台塑集團今日以「王家二代與老臣分權共治」的集體決策模式接棒，王文淵出線為集團總裁，王永在的堅持是主要關鍵，也是王永慶、王永在兩大家族「角力」十年的結果。

這布局雖然不是王永慶的首選方案，卻是當時能讓接班「圓滿換手」的唯一選項。在王永慶生前擘畫的藍圖中，他希望最終王家成員能全面退出經營層，落實經營權、所有權分離，讓台塑集團進入專業經理人治理的新世代，而能永續經營。

長兄如父，王永在一輩子敬重阿兄王永慶，此生亦甘於活在經營之神的光芒下，選擇當一名孤隱的王者。此種胸襟，不僅維繫兩兄弟八十七年的兄弟情，更攜手締造了台塑集團的傳奇。本書以第一手觀察和無數訪談，勾勒出王永在樸實低調，為台塑奉獻一生的生命歷程，以及諸多從未曝光的企業故事。

本書以王永在為主角，探討王永在年少時如何在米店協助阿兄、壯年在羅東創業；近中年時，只因阿兄王永慶一聲召喚，便毅然結束羅東的木材事業，與阿兄胼手胝足打拼。之後更以七十歲的高齡跳到第一線，週週南下麥寮，四年累計主持兩百二十五次六輕工程會，填海造陸兩千兩百二十五公頃，終於完成佔地兩千六百零九公頃、上下游垂直整合的六輕石化園區。台塑集團因此爆發性成長，更一舉躍上國際舞台，成為今日營收突破兩兆、名列全球第七大的石化王國。

此書的完成，要感謝集團員工、家族親友等數十名受訪者的協助；特別要感謝台塑董事長李志村，在百忙中撥冗接受十次專訪，分享台塑集團創業的艱辛。今年高齡八十歲的李志村，僅希望能透過兩位創辦人無懼困難的創業歷程，激勵讀者勇於夢想、不畏艱難地逐夢。也感謝王永慶外甥廖君哲回溯歷史，直言剖析沒有背景、沒有學歷的王永慶與王永在兩兄弟，如何在國民黨專制的年代踏出石化王國的第一步，更透露許多不為人知的小故事，述說兩兄弟如何包容、妥協、互信互諒，以完成兩人「台塑集團永續經營、王家永不分家」的理念。

最後，謝謝我摯愛的父親姚喜雄先生。這本書，是為您寫的，我愛您。

第1章

王者辭世

六輕，是我這隻青暝牛蓋的。

——王永在

二〇一四年十二月十四日上午九點三十分，下了林口交流道、長庚醫院旁立著一個醒目的告示牌——「參與台塑集團創辦人王永在告別式請往此行」。順著指示牌，經過即將落成的捷運A8站，再轉進復興三路，即可看到整齊劃一的華亞科學園區；直走到底左轉，即進入林口體育館的入口，只見滿滿車陣堵得動彈不得。管理員直喊：「裡面滿了！裡面滿了！不要再進去了！」詢問參加告別式是否往此行，管理員說：「是！大家都是來參加告別式的，往外停吧！」當日，總計有六千人來參加王永在的告別式。

這一路行經的路段，所見的長庚醫院、A8共構捷運站、華亞科學園區、林口體育學院以及長庚大學，全部都是台塑集團捐贈、持有的土地。台塑集團在林口持有的土地總面積估計逾四百公頃，儼然自成一國。

這一國之君，是已故的創辦人王永慶。但鮮少人知道，甫自人生舞台謝幕的王永在，是一半領土的擁有者，晚年更是此一國度的實質決策者。從阿兄的追隨者，到了晚年成為號令台塑天下的決策者——這一切，要從六輕說起。

六輕，對王永在來說，意義非凡。他的辦公桌正對面，就掛著一張六輕地圖；個人專屬會客室裡，有一張六輕空拍圖；就連他最後遺照的底圖，也還是六輕的夜景。告別式當天，王永在的靈柩安放於長庚大學禮堂正中央，棺木上方是王永在露出招牌微笑的遺像。看著這張肖像，我想起二〇〇五年底，第一次專訪「總座」王永在的情況。

當時在台塑大樓二樓創辦人辦公室旁、王永在的專屬會客室內，問及王永在當年興建六輕的辛勞，只見他指著牆上高掛的六輕空拍圖，中氣十足地說：「六輕，是我這隻青暝牛蓋的。」當天在場，連我在內，只有四個人。

六輕，讓王永在證明了自己不只是阿兄王永慶的追隨者，更是撐起台塑集團半壁江山的掌舵者。然而，台塑集團只能有一個神，王永慶是經營之神，王永在再如何居功厥偉，終其一生，也僅能扮演神背後無聲的凡人。那句「六輕，是我這隻青暝牛蓋的」，只能在不到三坪的會客室裡，說給自己聽。

生前，王永在將所有榮耀歸給阿兄王永慶。十二月十四日的告別式上，王永在的長子、台塑集團總裁王文淵終於為父發聲。不若往常慣以

「總座」稱呼父親，王文淵的祭父文，才開口喊了一句「爸爸」即涕淚縱橫。強忍悲傷，王文淵娓娓道來對父親的思念：「自從您離開之後，我經常不自覺的陷入以往我們父子相處的情境中，一幕一幕在我的腦海中不斷播映著，歷歷在目，一切如同昨日一般。到現在我還是難以相信，您真的離開我們了。」

王文淵訴說父親與伯父王永慶早年貧困的生活，跟隨伯父到嘉義經營米店，青壯年在羅東創設信興製材公司，三十七歲在伯父一通電話下即毅然收掉木材行，將所有資金投入台塑公司，並舉家搬到高雄與伯父共度難關。

提及高齡七十的父親王永在當年蓋六輕的辛勞，王文淵再度哽咽地說，一九八六年政府核准六輕興建後，僅僅建廠廠址就波折不斷；從宜蘭利澤轉進桃園觀音、嘉義鰲鼓不成，到最後落腳雲林麥寮，「其實我們是沒有選擇。」

憶起第一次前往「風頭水尾」的雲林麥寮勘查建廠用地，王文淵看著高齡七十歲的父親王永在頂著強烈東北季風而身軀搖晃，一開口就滿嘴沙土，放眼望去盡是一片大海，根本見不著陸地，「您滿腹疑惑地問土地在哪？廖縣長（廖泉裕）隨手往海裡一指，您定眼一看，只略為見到海岸邊一窪一窪的五百公頃魚塭，什麼陸地都看不到。看到您當下心涼了半截的表情！」

致詞至此，王文淵淚水潰堤。拿出手帕拭淚，王文淵繼續念著祭文，在勘查廠址用地之後，父親王永在向滯留美國的伯父王永慶報告所見的情形，「伯父僅簡單地說：『我在這裡什麼都看不到，你就自己決定吧！』」由於六輕計畫所需投資金額高達新台幣五千多億，稍有不慎就會動搖台塑企業的根基；而建廠用地又一拖數年，許多設備早已購入、堆滿各個廠區，人員也大舉招進來了。明知前方路難行，卻又卡在「頭已經洗一半」的困境，讓留在台灣獨撐大局的王永在焦頭爛額。

王文淵抬起頭，像是對著父親王永在說：「看到您連續幾個夜裡都輾轉反側、無法入眠，但最後您還是下了最重大的決定，對外宣布六輕就在麥寮建廠。」

一次填海造陸兩千兩百二十五公頃，不僅規模之大世所罕見，且造陸、地質改良及建廠工程同時進行，更是前所未聞。王永在接受媒體採訪時曾提到，當年為了興建六輕，連續四年每週召開六輕工程會，會議中集合大家意見；兩週一次到現場看工程進度，這週去了麥寮現場、下週就在台北開會。南下麥寮那天，一定是清晨三點四十分到五十分就起床，四點二十之前出門，七點就到麥寮。就是一週麥寮、一週台北這樣有效率地去推動，「六輕工程的成功關鍵在於實實在在地去做，不是用嘴巴做，而是每週開會檢討進度、解決困難，以最迅速的速度去執行……所有的事業，開始的時候最困難，但是困難也要突破，而且只能成功。」

告別式上，播放著王永在於生前受訪的新聞片段。全程以閩南語受訪的王永在，突然以一句國語「真的難受」來形容當年建廠的辛苦。他說，麥寮那地方就是風頭水尾，東北季風一來，光站在那裡就很難受。一張開嘴，嘴裡全都是砂，「那個砂真的難受，臉上戴的眼鏡也都是砂，就算整個臉都遮起來，口袋裡面也還有砂。那時實在很困難，但是困難也是要做，為了成功，沒做不行。」

「為了成功，沒做不行」不僅是王永在個人的信仰，更是台塑集團全體上下一致的信念。詢問王永在以及當年負責台塑廠區計畫的台塑董事長李志村，當年是否曾經懷疑六輕無法順利投產？答案總都是「沒有想過」，因為解決問題都沒時間了，沒時間想其他的事情。況且也沒有不成功的空間，一定要順利投產。

台塑董事長李志村回憶往事時說，當年董座王永慶為了兩岸和平發展與台灣石化業上下游的未來前途，曾在美國滯留近兩年，「這段時間皆由總座王永在獨自在台灣推動六輕建廠工程，從一九九四年填海造陸、與海爭地，到一九九八年完工投產，總座無論風雨，總是不辭辛勞每週前往六輕召開工程專案會議，他凌晨四點就從台北出發至雲林麥寮巡視、督導，數年如一日從不間斷，親自主持工程會多達兩百二十五次。不屈不撓的精神，終於克服建廠時的各種困難，將一片滄海化為世界上最具規模的石化園區。」

將於二〇一五年退休的李志村，在台塑集團服務已滿五十五年。陪伴著台塑從當年三輪車都不知道廠址在哪的高雄小化工廠，到今日全世界排名第七的石化集團。他回首過往歲月說：「六輕，讓台塑集團一夕之間聞名全球，但大家都只知 Y.C. Wang，不知 Y.T. Wang 是誰，這點總座真的很了不起。」

一九九八年六輕全面投產，台塑集團台灣營收爆發驚人成長：

台塑集團盈餘從六輕投產前每年不到兩百億元，到一九九八年全面投產後，獲利數倍成長；至二〇〇七年高達三二七・八八億元的巔峰。之後雖受二〇〇八年金融海嘯衝擊，使該年集團利益額降至一百八十六億元；但截至二〇一三年，六輕投產十六年，年平均利益額高達一千三百四十七億元，締造全球石化業單一石化園區獲利新紀錄。而全集團營收，更從一九九七年的三千三百八十二億元，至二〇一三年高達兩兆四千五百五十三億元，創下歷史新高；其中六輕營收貢獻度逾七成，無疑是台塑集團營運成長力爆發的來源。但這所有一切榮耀，外界仍聚焦於王永慶。

第三十屆運動會上，已交棒的台塑集團兩位創辦人王永慶、王永在連袂出席運動會，數十家媒體同時湧上團團包圍王永慶，詢問對二〇〇八年總統大選的看法。由於人數過多，推擠到坐在一旁的王永在，他在隨扈保護下默默走到司令台的一角，靜靜等候被人群簇擁的阿兄王永慶。

同樣是台塑集團創辦人、站在同一個司令台上，阿兄王永慶是所有鎂光燈的焦點，王永在身邊僅有隨扈相陪。這一冷一熱、一喧囂一寂靜的場景，深刻得令人終生難忘。對記者來說，這僅是稍縱即逝的一個畫面；但對王永在來說，卻是他一生面臨的處境。數十年來，王永在點滴在心、冷暖自知，卻從未口出怨言。

王永在總是無聲。所以外界不知，總投資額高達五千七百四十四億元的六輕工程，都是由王永在掌舵。建廠四年，王永在南下麥寮百餘次，王永慶終生到訪六輕不到十次。王永在不語，所以人們不了解王永在不僅是阿兄王永慶的「執行者」，更是與王永慶共掌天下的「決策者」——不論是財團法人長庚紀念醫院或海外五大信託基金，王永在家族都擁有一半所有權；就連王永慶無私奉獻的兩岸慈善事業，每一分錢王永在也都貢獻己力、參與其中。

一名在台塑集團逾三十年的高層表示：「董座是備受大家景仰的經營之神，總座是陪我們並肩作戰的戰友。對外都是董座發言。但對內，董座晚年只管企業制度、企業文化跟重大投資，營運上的事情很多都是總座說了算。」南亞最高顧問吳欽仁在告別式上眼眶泛紅地說：「當年總座不眠不休的努力讓我們感動，所以大家拼命一起做六輕，現在六輕是世界級的工程，為台灣石化界創造奇蹟。」

與王永慶、王永在相識多年的忘年之交，八大電視總經理林柏川更直指：「王永在能坦然活在阿兄光環下的胸襟，才是台塑集團永不分家的關鍵。」從一九五八年兄弟共同創業，到二〇〇六年六月五日台塑集團世代輪替，這整整四十八年之間，王永在從未出任集團內四十多家相關企業、任何一家公司的董事長。儘管長庚球場從無到有都是王永在一手促成，他甚至天天到球場報到；但長庚球場的董座仍是王永慶，即使他此生不曾到長庚球場打過一場球。

二〇〇六年六月五日，台塑集團世代輪替，王永慶一口氣卸下四十多家關係企業的董事長頭銜。三所他創辦的大學──長庚大學、長庚護專以及明志科技大學──的三校校長一職，則交棒給三房長女婿楊定一。當時連台塑集團「金脈」──長庚醫院──的董事長，也規畫一併由楊定一接掌。但王永在以一句「王長庚是我爸爸，這間醫院是為了紀念他才成立的，董事長怎麼可以不姓王？」反對，最終長庚醫院仍維持由王永慶擔任董事長。

王永慶不僅是集團內號令天下的經營之神，在家裡，王永慶長兄如父，就連王永在的子女都視「阿伯」為家長。王永在早年在高雄台塑廠管廠時，阿兄王永慶擔憂高雄教育環境不佳，因此要兩個姪子王文淵、王文潮北上求學。王永慶要求王家二代十三歲就赴英求學，包括王文淵、王文潮的求學之路，都是由王永慶決定。甚至連王文淵在美國結婚時都由王永慶主持證婚儀式，王永在甚至沒有參加自己兒子的婚禮。在家族的國度，王永慶仍是一國之君。

王文潮曾私下透露，從小大伯父就很關心王家所有二代子女的教育問題，父親也都接受伯父的意見，「以前總覺得董座比總座更像我爸爸，但是等我念完書返台跟著爸爸在推六輕時，我才真正感受到他對我們的愛，儘管他都沒有表達出來。」

王文潮回憶，爸爸每天早晨起床固定都要吃水果，推動六輕時因為早上四點二十分就要出門，「所以爸爸常常三點多爬起來，自己削水果帶在車上吃。我跟他一起搭車到麥寮時，他都會拿自己削好的水果給我吃。那時他已經七十歲了，直到那時候，我才深刻感受到他的愛。」

王文淵則說，「最感謝我爸爸就是，他從來不說他為了我做了什麼，而是以行動來表現他愛我。我也不會溫馨地跟他說謝謝。點點滴滴的事情，我都來不及感謝他，也來不及表達父子的親情，我從來沒有跟他說過謝謝。所以，他走了，我非常遺憾再也沒有機會說出口。」來不及對父親說謝謝的遺憾，讓王文淵無法念完祭父文就痛哭失聲。最後由妻子鄧美苓代為念出：「爸爸，今天在此向您告別，心中充滿了哀痛與不捨，非千言萬語所能形容。但是請您放心離去，駕鶴歸返極樂世界，並且永享安寧。」

於公，阿兄王永慶是台塑集團的經營之神；於私，阿兄王永慶是王家的大家長。只有在長庚球場，王永在才是自己世界的主角。也只有在球場，才能知道總座是個多麼愛熱鬧，享受著人群簇擁、分享歡樂的人。

王永在堅持不向自己的球友收取餐費。因此每逢週末，三、四十名球友以球技決勝負，輸的人就要擺桌；以此模式輪流宴客，一來聯繫球友感情，也藉此回請王永在。多年來形成一種傳統，球友們如同一個大家庭，總座就是這個家庭的一家之主。在這裡，王永在是目光所在，一名數十年的球友私下透露：「總座天天都要到球場，因為他在這裡，可以很放鬆做自己。」

一個擁抱人群的人，卻只能隨伺一旁靜候阿兄；一個享受光環的人，終其一生卻只能活在阿兄的光芒下。外界看了，難免為王永在感到委屈，但王永在卻不曾埋怨。對於這份尊重，王文潮說：「我父親十一歲就去嘉義讀書，那時候董座已經十六歲，在嘉義創辦米店。董座好像父親一樣照顧著總座，雖然總座那時也要辛勤工作，但是對總座來說，這樣的哥哥去哪裡找！」

王永慶生前，王永在鮮少接受媒體採訪，即便受訪也經過王永慶同意。在王永慶驟逝後，王永在唯一一次的公開致詞，就是二〇〇八年十一月八日，王永慶告別式上的祭兄文。

這份祭兄文原本由公司同仁撰寫草稿，但寫出的文字，卻像是職員悼念董座的「祭董座文」，而非祭兄文。某個程度上來說，或許在台塑集團員工眼中，雖然董座與總座同樣是創辦人，但台塑人心中的天秤，在董座與總座的兩端，始終不是一條水平線。因此，王文淵與王文潮決定代父親撰稿，寫下父親經常在家中述說的，那些與阿兄攜手打拼的過往，以及台塑的發跡過程。

「阿兄！慶仔！我是在仔，今天在這裡向你告別，心內實在非常悲傷……」

當時王永在身體狀況不佳，原本安排王文淵代為致詞。但王永在看完兒子代擬的祭兄文後，堅持上台親自與阿兄訣別。在長子王文淵、次子王文潮及幼女王雪洸的攙扶下，王永在杵著拐杖緩步上台，戴起眼鏡、拿著祭文，才開口說第一句話即淚流不止。

王永在憶起幼時家境清寒，兄弟倆為了求學，相伴爬山涉水，度過了無數寒冬酷暑。也說起年少時，曾自行到羅東創業做木材生意；在阿兄一聲召喚下，為了追求「兄弟共同創業」的理想，毅然結束羅東的事業，跟隨阿兄的腳步。兄弟合作無間，共同創業五十載，此情世間已少有。

「在如此深遠廣闊的無限時空裡，我有幸和您出生在同一家庭，成為手足之親，並且受到您的帶領引導，攜手同創雄偉事業，共度數十年光輝歲月，成就美好人生。這是極為難得的緣份和福份，有您這樣的阿兄，身為您的胞弟，何其有幸。」

王永在一字一句細數對阿兄的思念，數度顫抖、泣不成聲。一旁的幼女王雪洸，連忙拭去父親臉上的淚水。一句「有您這樣的阿兄，身為您的胞弟，何其有幸」，訴盡了八十七年的手足情深。

之後，王永在僅在二〇一〇年初，於王文洋長子王泉仁的婚宴上公開現身。此後匿跡隱形，直到生命的盡頭。

第2章

兄弟，是沒得選的

一九二三—一九五七

兄弟是沒得選的。他一天是阿兄，一世人就是阿兄，就是要聽他的，尊重他。

——王永在

身價數百億的台塑集團創辦人王永在，隨身攜帶多少錢？在一次專訪王永在時，我好奇地問他。只見他笑笑地從口袋裡掏出一整疊嶄新的千元大鈔，然後說：「當然要帶錢啊！怎麼會不帶？」語畢，又從西裝口袋拿出名片夾，抽出與名片放在一起的美國運通卡，開心地對我說：「卡，我也有呀！小姐妳很看不起我喔？」

究竟一疊現金有多少？王永在數都沒數就說：「兩萬。」問他沒數怎麼知道多少錢？他看著我，認真地說：「每天早上就去球場，然後到公司上班，下班就回家。沒有地方花到錢，兩萬塊從年初就這樣一直放在口袋到現在。」專訪那一天，是二〇〇五年十二月三十日。

名下坐擁數百億資產，八十三歲的王永在一整年也花不到一毛錢。然而，年幼的王永在生活貧困，常常幾天都吃不到一頓飽飯。

阿兄的小跟班／一九二二—一九四四

一九二二年一月八日，王永在出生於新店直潭的茶商家庭，父親王長庚早年從事種茶、販茶買賣，家境還算過得去。但王長庚中年大病了一場，耗盡家財。再加上他心地善良，每次收款往往會讓對方延長付款期限、甚至讓對方積欠貨款，導致生活日益窘困，經濟重擔落到了母親王詹樣身上。

家境貧困，讓長兄王永慶很早就一肩挑起重擔。自新店國民學校畢業後，他先到茶園當雜工，十四歲則南下嘉義在一間米店當學徒。十六歲時，向父親王長庚借了兩百日圓（約當普通人數十倍薪資），在今天嘉義市的蘭井街租下一間店面，開了家米店。一九三二年，年僅十一歲的王永在就跟著父親王長庚、母親王詹樣以及二哥王永成一起搬到嘉義，就讀嘉義崇文小學。

在當時，絕大多數米商的稻米都混有砂子和米糠，但王永在與哥哥們分工合作，將砂子一粒粒撿乾淨，讓白米的品質優於其他米商。王永慶還摸索出「顧客檔案」，謹記每一戶家庭人數、每月需求以及客戶領薪日，讓每月送米的同時可以順便收齊上個月的賒款。王永慶精明的生意頭腦讓米店生意蒸蒸日上，而此時，王永在就是阿兄身邊最得力的小助手。

王永慶外甥廖君哲指出，受日本教育的阿嬤王詹樣，「長幼有序」

的觀念極強：「董座很年輕就養家，所以跟父母同桌吃飯；其他的小孩子，就只能等他們吃完才能上桌吃飯。聽過長輩說，總座小時候在一旁看阿兄吃飯看得肚子餓一直哭。我阿嬤一巴掌打過去，就是要等阿兄吃完才能吃。所以總座從小就很聽阿兄的話。」

一九三五年，王永慶經情同手足的張寬義介紹，認識了中醫師郭粗皮的女兒郭月蘭，兩人情投意合結為連理。當時家境寬裕的郭月蘭，陪嫁一只手工訂做的梳妝台，梳妝台上則貼滿紅包袋作為嫁妝。過門第二天，婆婆王詹樣就把紅包全撕下來，作為王永慶的生意本。

婚後，王永慶逐步拓展自營米店生意。相較於隔壁日本人開的碾米廠每天只營業到下午六點，王永慶三兄弟顧店顧到晚上十點半。日本人晚上洗熱水澡，王永慶三兄弟就在門外的水龍頭沖沖冷水，因為這樣一天就可以省下三分錢，相當於三斗米的利潤。即使如此儉省，王永慶發現獲利仍難以和日本人的碾米廠相比，因為米店利薄。反觀上游碾米廠，不僅廠商少、競爭小，利潤也較高。因此他萌起向上游發展碾米廠的念頭，做起批發業務。隨著業務發展順遂，王永慶舉家搬遷到今嘉義火車站民族路附近的文益商店。

一九三九年，第二次世界大戰爆發。母親王詹樣怕不到二十歲的王永在被日軍徵召去當軍伕，便請託做工程的遠親，帶著王永在到新竹縣山崎（今新豐地區）承包軍事碉堡、防空洞工程。雖然剛開始只是一名小工人，但王永在卻迅速學會了營造工程施作的流程和統籌分派工作，充分展現其天分。他甚至還建議遠親，在管理上實施個人績效制度。遠親採納後不僅工程提早完成，成本也大幅降低。不久，王永在就被拔擢擔任總工頭，負責安排工程。這是王永在首次脫離王永慶的羽翼，嶄露頭角。

隨著日本侵華戰爭如火如荼，物資匱乏，日本開始在台灣實施配給制。其中一項即為稻米「共精共販」，意即針對稻米的碾、售實施配給制。當時全嘉義約有十二家規模不一的碾米廠，施行新制將強迫關閉十家，僅留下業績最好的兩家。王永慶經營的碾米廠，規模雖只有隔壁由日本人管理的碾米廠的三分之一，營業額卻高居第三，僅次於日本人的碾米廠。但最終王永慶的碾米廠被迫於一九四二年關門，於是轉而投資製磚廠與木材買賣。同年，王永在經媒妁之言與直潭出生的李碧鑾（婚後改名王碧鑾）結婚。李碧鑾的父親當時是保正（今里長），家境不錯；兩人也回到直潭老家辦婚宴，在祖厝前留下當時少有的家族合照。

歷經十年創業、三兄弟胼手胝足打拚，二十五歲的王永慶已從當年貧困到嘉義謀生的窮小子，搖身一變成為富甲一方的富豪。不僅在雲林大埤及嘉義大溪總計買了五甲水田，更在家鄉新店廣興買了二十甲山林地，衣錦還鄉。

一九四四年，二次大戰近尾聲。年僅二十六歲的王家老二王永成卻因罹患肺結核病逝。這對從小一起打拚的王永慶與王永在來說，無疑是一大打擊。自此之後，王永慶與王永在兄弟感情更為緊密。事實上，二哥永成雖然早逝，但王永在心裡仍為二哥留了一個位置。鮮少人知道，在長庚球場會館二樓的ＶＩＰ室，從最內側的落地窗望出去，有三棵樟樹。這三棵樟樹的樹苗，是一九八三年長庚球場動工時，王永在特別到羅東找的。

過去三十多年，王永在天天到長庚球場打球，打完球就到會館二樓用餐。落地窗前的大圓桌，是王永在固定用餐的位置。每天等待早餐時，王永在會佇足窗前，看著三棵小樹苗一天一天茁壯，長成今日枝繁葉茂的蓊鬱大樹；而台塑也從當年落腳高雄的小塑膠廠不斷成長，躍上國際成為全球第七大石化集團。

二〇〇六年春天，他曾站在窗前，指著窗外以閩南語對我說：「你看到那三棵樟樹沒？我特別去羅東找的。從小樹種到那麼大，我每天都要來看看他們，看了就覺得心情很好，什麼煩惱都沒有了。」問他為何要去羅東找三棵樟樹苗來種？他嘻嘻哈哈地說：「我以前在羅東做木材呀！」但卻沒有回答，為什麼是三棵樟樹。後來透過王永在多年好友才輾轉得知，其實三棵樹就宛如三兄弟——人的壽命有限，但這三棵樟樹可以長成參天古樹，永永遠遠在這裡守護台塑。

兄弟登山、各自創業／一九四五—一九五七

一九四五年八月十五日，台灣光復。王永慶決定再度從事米業，就在嘉義車站附近的公賣局製酒廠對面興辦當時最大規模的碾米廠，沒想到卻飛來一場橫禍。

一九四七年三月十一日，正逢二二八事件發生不久，王永慶請人從嘉義中埔鄉運來一卡車的稻穀。才剛抵達碾米廠，突然冒出兩名警察將王永慶以「越區運糧違反糧食管理條例」的罪名逮捕，拘禁二十九天後

才獲不起訴而無罪開釋。但在得知糧食管理條例規定，最重可判處死刑及無期徒刑後，王永慶毅然決定結束了碾米廠的事業，全心投入先前已投資的木材買賣與製磚業；並於同年與二房楊嬌（後冠夫姓，改稱王楊嬌）相遇，產下長女王貴雲。據說，當時王永慶已經有五千萬元的積蓄。

看好台灣百廢待舉的潛在商機，王永在也決定前往木材的生產重鎮宜蘭創業。相較於嘉義的木材以鐵路運輸，每逢災害期就會減少運輸量，導致木材短缺；羅東採平地運輸，在災害期仍有儲存的木材可標售，貨源不斷。王永在戰時於碉堡工作表現優異，獲得一筆金額不小的分紅；他以此作為創業經費，參與友人陳天信與林通興合資的、位於中正北路八號的信興製材行。王永在與妻子王碧鑾、甫出生的長子王文淵，就在這裡展開新生活。

當時所有木材都必須向林務局標售，投標價的高低，決定了標售而得的木材能否獲利。但僅能以肉眼判斷儲木池裡木材的數量多寡與品質，估價低了可能標不到，高了又可能會蝕本；而且木材價格也會隨著市價波動，算是高風險的投資。但眼光精準的王永在，就靠著木材業賺進人生的第一桶金。

從十一歲到嘉義做阿兄的小助手，直到二十六歲前往羅東創業，王永在在嘉義待了十多年。相較於早年在新店直潭的困苦生活，嘉義的生活是三兄弟攜手打拼的美好歲月，也是奠定家族創業的基石。因此，王永在視嘉義為自己的第二個故鄉，只要聽到有人來自雲嘉地區，王永在都會備感親切地直說：「我是嘉義朴子人ㄟ，那我們是鄰居。」

戰後重建工程需求出籠，振興建築、營建業，也讓王永慶、王永在的木材行事業蒸蒸日上。兩兄弟雖分隔嘉義、宜蘭兩地，但事業上卻能互助。王永慶收購原木後，再委由王永在的製材廠加工；當時超過一半的營建廠都是王家兄弟的客戶。而隨著國民政府撤退來台的江蘇人趙廷箴，也因為和王永慶有業務往來而結識，王永慶甚至借給趙廷箴十幾根金條作為營運資金。兩人自此結為好友，事業相輔相成。

一九四九年國民政府來台，政府設立軍事工程委員會，並於全台設立營房。王永慶、王永在的事業，也因木業興盛而日進斗金。眼看台北已成國民政府的政治經濟發展中心，王永慶舉家北遷到台北市承德路五十號，設立建茂行。當時一樓、二樓為辦公室，三樓則是王永慶一家居住的地方。而承德路五十號也是台塑集團創始的根基地，王永慶與王楊嬌的長子王文洋亦於此誕生。

王永慶與趙廷箴於一九五一年合資成立開南木業公司。王永慶的建茂行負責下游業務向營建廠接單，之後再下單給王永在於羅東的信興製材行；王永慶與趙廷箴的開南木業，則為上游公司。王永慶、王永在、趙廷箴成了事業上的鐵三角，串起了木業的上下游垂直整合鏈，也為日後台塑集團的開創埋下伏筆。

政治鬥爭——王永在百日冤獄，王永慶滯留日本

一九五〇年六月韓戰爆發，美國為了防堵共產主義思想進入台灣，決定對台灣提供經濟與軍事上的協助，經濟上則提供十五年十五億美元的援助，平均每年約一億美元；旨在培養台灣的民間企業家，以扶植防共的政治安定力量。一九五三年七月一日，國民政府設立經濟安定委員會，主任委員為台灣省主席俞鴻鈞，總召集人尹仲容，統籌第一個四年經濟計畫；美方則建議，台灣應由民間設立一座PVC（聚氯乙烯）廠，日產四公噸塑膠原料。

因當時台灣僅永豐餘何家有一家永豐化工公司，因此尹仲容力邀永豐餘集團創辦人何義投資。但何家評估後認為此投資案風險過大，台灣每日需求量僅兩公噸，產能高出需求一倍；因此表明僅願出資參與，不願跳到第一線主導經營。之後，尹仲容得知建茂行的王永慶是當時全台

灣現金存款最多的人，因而找上了王永慶。

一九五四年前後，當時王永慶已向政府爭取投資水泥遭拒。在得知政府有「美援輪胎投資計畫」後，便透過好友趙廷箴取得趙的親舅舅，即當時財政部政務次長陳慶瑜的介紹函，拜會隸屬經安會的工業委員會化工組主持人嚴演存博士，有意爭取輪胎投資計畫。但嚴演存認為王永慶沒有化工背景，因此婉拒。

正當王永慶苦無投資機會之際，何家婉拒了「美援ＰＶＣ廠投資計畫」，讓嚴演存想起了王永慶；因此致電王永慶，告知有美援ＰＶＣ項目，並略提ＰＶＣ的製程與用途。完全沒有技術背景的王永慶竟然立刻答應了，從接洽到定案僅僅一週。後與永豐餘何家合資，於一九五四年七月二十六日成立福懋公司，並獲得美援撥款七九．八萬美元。考量到好友趙廷箴的黨政關係良好，王永慶力邀趙廷箴出任福懋公司總經理。迄今永豐餘家族成員仍名列台塑的董監事名單，顯見兩大家族超過一甲子的創業情誼。

王永慶從木材業大亨變成石化業新兵，甚至之後將木材事業全部結束，除了有美援PVC廠投資計畫的機緣促成，另一個關鍵因素是王永慶觸法，不得不放棄木材業。但查遍王永慶所有相關傳記都未有記載，僅少數人對這段塵封的歷史有記憶。

據王家親友表示，一九五七至一九五八年間，王永慶與王永在曾因木材生意遭人檢舉涉及官商勾結；警備總司令部逮捕了建茂行的會計陳信鈕，以及信興製材行負責人王永在與陳天信等人，並對當時人在日本的王永慶發布通緝。王永慶正好人在日本，於是就地投靠當時的華僑聯合總會會長葉炳坤，在葉的家中避藏年餘；而王永在、陳天信以及陳信鈕則被關在當時的保安總司令部（早年監禁政治犯的地方，今喜來登飯店附近，當時整個忠孝東路、林森南路、青島東路、鎮江街的街廓皆為保安司令部），也因此有「王永在為阿兄入獄」的傳聞流出。

究竟王永慶為何被檢舉？坊間有兩種說法，一是因為涉及伐林盜木，遭人舉發；另一說法則是王永慶涉及中興新村的興建工程，遭人舉發有官商勾結之嫌。但這兩種說法，始終未獲證實。唯一可以確定的是，王永慶確實曾經滯留日本一年多，王永在也為此入獄數月；當時年幼的王文潮還曾經跟著媽媽王碧鑾一起去探視父親。但王永在此生都未曾向子女說起整件事由，整個家族都不願再提起這段往事。

為了解開這段塵封已久的歷史，透過多方管道並多次嘗試聯繫，最後終於找到當時和王永在一起被逮捕的陳信鈕。儘管事前不曾碰面，但今年已經八十歲的陳信鈕，一聽到是為了總座王永在的傳記，便侃侃而談這段少有人知的往事。電話那頭的陳信鈕，以純正優美的閩南語說道：「這整件事情其實是政治事件，我們都是當時政治鬥爭下的犧牲品。官商勾結是被硬拗的罪名，當時有兩百多名中興新村的承包商，全部都被逮捕了。」

一九五五年，台灣省政府有意從台北市疏遷到南投市虎山山角的營盤口地區（今草屯），因此啟動中興新村的工程，由台灣省省主席嚴家淦負責整個計畫。當時，王永慶的建茂行是銷售據點、王永在的信興製材行負責加工製材，下游廠商接到中興新村的工程就向建茂行下單，然後由信興製材行生產後出貨。「當時我被派駐在台中負責驗收跟交貨，羅東製材廠出來的成品會送到台中，我再負責送到營盤口，交貨給下游承包商。」陳信鈕說。

那時候，所有木材都必須向太平山的林務管理局取得標案，但因為中興新村的工程緊鑼密鼓趕工中，若要一一取得標案再供貨給廠商，恐曠日廢時、緩不濟急，因此信興製材行都是以庫存的檜木先行出貨給中興新村。而有些建材需要二十或三十米長的木材，如果沒有那麼多長度足夠的，也可以拿二至三節十米或二十米長的木材「接上」；技術上就是以一定厚度的厚實木板連結兩根木材。

陳信鈕指出，「這種接連法會增加加工成本，但有時長尺寸的木材缺貨，只好用這種加工法。而且這個方法也經過當時木材公會的認可，完全符合規定，交貨數年都沒有問題。但一九五七年，周至柔將軍新任台灣省省主席，因為他要鬥前一任的文人主席嚴家淦，所以就說我們偷工減料，以官商勾結的罪名逮捕我們。」

追溯歷史，一九五七年八月八日到八月十六日，預定接任台灣省省主席的周至柔將軍展開「請益巡訪」之旅。十四日，台灣省主席嚴家淦夫婦在台北賓館舉行茶會，歡迎周至柔夫婦；十五日，周至柔與嚴家淦一同搭車，由台北車站到台中車站。十六日，中興新村舉行新舊任台灣省政府主席交接典禮。在行政院政務委員黃季陸的監交下，嚴家淦將印信移交給新任主席周至柔，周至柔主席率領全體委員宣誓就職。典禮完成後，嚴家淦與省府委員握手後驅車離去。之後嚴家淦「明升暗降」，轉任行政院經濟安定委員會副主任委員。僅僅數月後，周至柔全面徹查中興新村承包工程，一場政治鬥爭風暴讓無辜的商人成了犧牲品，王永慶與王永在也因此捲入其中。

陳信鈕指出，當時周至柔就是為了鬥垮嚴家淦，以莫須有的「官商勾結」罪名，逮捕兩百多名承包中興新村工程的商人。「那時人在宜蘭的總座先被逮捕，他被抓時，就趕緊說要通知人在日本的阿兄先不要回台灣。幾天後，我在台北建茂行也被逮捕了，董座就留在日本避風頭。」由於周至柔是軍方出身，因此當時由保安總司令部負責。他們兵分多路，將陳信鈕、王永在、陳天信還有另一名李姓員工一併逮捕；監禁於專關政治犯的保安總司令部，顯見整起事件的不尋常。之後才移監到台北看守所與台中看守所。

陳信鈕解釋，因為所謂涉及官商勾結的「弊案」，發生在南投中興新村，司法管轄地屬台中法院。「後來案子就在台中法院審理。總座無罪釋放，我被判處三個月有期徒刑，因為我已經關了一百天，所以抵掉。一九五八年開春不久，我們就都被釋放了。」而王永慶則待整起事件落幕後，才由日本返台；回台後即完全結束木材生意。

在羈押期間，陳信鈕看過許多受刑人遭刑求，像是將人綁在長板凳上，拿著辣椒水猛灌；或整個人被吊在天花板上，繩索緊緊勒住手腕，陷入肉裡讓人痛不欲生。「我們都不敢多說話，也跟保安人員講道理，我們真的沒有官商勾結，所有資料都可以查得到。後來就沒有被刑求。」

歷劫歸來，王永在決定結束木材事業。接到阿兄王永慶一通電話後，便南下台塑高雄廠打拼，並於一九五八年四月十七日留下「信興製材廠創設十二週年」的紀念照。照片中，坐在王永在旁邊，身穿西裝腳踩木屐的就是陳天信；之後羅東的木材事業就由陳天信獨資所有。五月三十日，王永在帶著陳信鈕一起南下台塑高雄廠，陳信鈕主管會計業務、王永在負責廠管，兩人籌設南亞公司，陳信鈕成為南亞第一位員工。就這樣跟隨王永慶、王永在兩兄弟，一路開疆闢土數十年，直到近年才從福懋公司退休。王永在的外甥廖君哲表示，兩位舅舅都是很「惜情」的人，「陳信鈕的爸爸是二二八事件的受難者，他爸爸生前對舅舅很幫忙。所以從他爸爸被槍決後，兩位舅舅就把陳信鈕帶在身邊，一輩子互相照顧，就像自己的家人一樣。」

問起這段往事，陳信鈕很客氣地說：「家父早年在嘉義當警察。日據時代，因為第二次世界大戰爆發、物資吃緊，所以日本政府採取物資統一配給制度。家父那時候管經濟司法，每一戶人家要拿著戶口名簿去領物資。當然日本家庭優先領，領的物資也比較多；台灣家庭就領得少。那時候只要有機會，家父都會特別照顧台灣人。王董在嘉義遇過一些麻煩，家父也幫過他的忙。直到現在，嘉義老一輩的人都還認識我父親。」

事實上，陳信鈕的父親就是當時深受嘉義市民愛戴的警察局長陳容貌。一九四七年二月二十七日，因為一件私菸查緝血案引爆衝突，隔日引發一連串台北市民的請願、示威、罷工、罷市活動，而台灣省行政長官公署衛兵開槍掃射聚集抗議的市民，也引爆了自國民政府接管台灣以來，台灣人民對其施政偏頗、貪腐無能的民怨，成為歷史上的二二八事件，並開啟接連數月的軍民衝突、省籍對抗等政治性運動。三月三日，嘉義市警察局長陳容貌率領大批警察加入民兵對抗國民政府。三月二十四日，國民黨在嘉義集體槍決七十多人，其中就包括陳容貌。

歷經父親遭國民黨槍決的慘痛，陳信鈕隨著王永慶、王永在兄弟北上從商，卻又意外於一九五七年底遭逮捕監禁，與王永在一同被關在保安總司令部。身陷黑牢、生死未卜，陳信鈕當時心中的惶恐可想而知。

如今，歷經五十八個寒暑，故友辭世、人事已非，談及這段不為人知的歷史，陳信鈕沒有太多情緒，只表示清楚這段往事的人，可能只剩下他了；對於與王永在一同被監禁百日，他也僅以「政治事件」四字形容。但這些看似平靜的言語，實則充滿情感。陳信鈕之所以願意在電話的另一端，對著素未謀面、第一次通電話的陌生人講起這段往事，除了對父親的思念，也有對王永慶、王永在兄弟一生如家人般照顧自己的感念，更是為了替王永在平反。

那是一個動盪的時代，他們是一群「惜情」的人。在台塑大樓內，有不少人是全家族都在集團內工作，這些人與早年創業時的王永慶、王永在兄弟都有一段故事。陳信鈕如此，葉炳坤家族亦是如此。王永慶十分感念當年葉炳坤在日本的收容，因此回台後特別延攬葉炳坤的三兄弟，包括葉炳隆、葉炳元及葉炳德，分別在集團內的台塑貨運、南亞以及總管理處財務部位居要職，直到近年才退休。

事實上，當初王永在會入股信興製材廠，也是因為知道陳天信與林通興經營陷入困境，有意將製材廠結束或出租給他人營運。王永慶與王永在兄弟認為，若單純租賃工廠，陳、林兩人也只能收取微薄的租金；

還不如大家以「合夥」的方式，由王永在入股並主導營運，但陳、林兩人仍是股東。如此一來，工廠營運好轉，兩人也可受惠，陳、林欣然答應。王永在入主後，信興製材廠的營運起死回生，陳、林兩人的財富也迅速累積。

一九五八年王永在退出信興製材廠後，與兩位合夥人仍維持緊密的關係，未曾畫下句點。除了陳天信出錢投資台塑，陳天信的妻子後來還陪著王詹樣飛到倫敦探望王文淵、王文洋與王文潮等二代子孫。王永在居住十年的羅東老家，則賣給了好友林通興。二〇〇八年王永慶驟逝於美國，事出突然，但王家透過林通興的女婿宋有強，在短時間內即找到極為罕見的紅檜木棺木。顯見兩家族的友情綿延數十年。

金條藏灶底　王永慶拉攏外省人創業

一九五四年的王永慶，是全台灣在銀行有最多現金存款的人。他因此被尹仲容相中，邀請參加美援ＰＶＣ工廠投資計畫。究竟當時的王永慶有多有錢呢？王永慶二房長女王貴雲，在紀念母親王楊嬌的回憶錄中提到：「爸爸的儲蓄都買金塊，一疊疊都是您（母親）看管，後來爸爸用這些錢當基礎設立台塑與南亞公司。之後您五十歲到美國，身上空空，我才學習到您的誠實、不貪心，也深深影響我一生。」

王永慶二房長子王文洋也在王月蘭的紀念冊《點亮王家的永恆星辰》中憶及：「小時候家裡的衣櫃，總是藏滿排列整齊的金條，光是交給王楊嬌保管的一斤重金條，就有五百多條。」顯見王永慶除了銀行存款高居全台之冠，因為當時通貨膨脹嚴重，他也習慣儲蓄金條。不僅王永慶的子女們印象深刻，就連王永慶的外甥廖君哲，也對大舅王永慶在承德路五十號的「黃金時期」印象深刻。

廖君哲形容，當時的金條都由阿嬤王詹樣或舅媽王楊嬌保管，「阿嬤怕別人發現，還把金條藏在廚房灶內，需要的時候再拿出來。那些金條都是送禮用的，那個年代一塊錢一大張，誰要？錢根本沒用，大家都是要金條。」廖君哲回憶，那是國民政府撤退來台後，台灣由外省人全面掌控的年代，「王永慶國小畢業而已，沒背景沒學歷，台灣人哪有機會？那時候是外省人控制的天下，都是外省人當官，我送過幾次。我騎著腳踏車，前面車籃放著裝了金條的籃子，這樣送過去的。」

廖君哲是王永慶二妹王銀燕的長子，同樣在新店直潭出生。國中畢業後曾與王永慶同住在新生北路一段三十六巷的一棟兩層建築，邊念書邊幫「大舅」跑腿，住到二十多歲結婚前夕才搬出來。他與王永慶同住的時間，比王文洋還久。王永慶是王家的大家長，不論是自己的子女或三弟王永在的子女，看到王永慶都心生畏懼。就連後來升任為台化副總的王文淵，只要聽到董座找，即使人在戶外抽菸，也會馬上熄菸、整理服裝儀容，然後從台化跑到二樓董座的辦公室。家族第二代只有廖君哲敢對大舅王永慶頂嘴，兩人情同父子；就連王文洋都深感不解。

有一次，王文洋問廖君哲：「你為什麼不怕我爸？」廖君哲對王文洋說：「我住你家那麼久，我怕他什麼？而且只有我一個男生，你們其他人都在英國念書，我是外甥，我最大，他罵我我就頂回去。」

廖君哲念新店國小時，還與羅福助同屆；沒想到長大後，羅福助成了黑道立委。廖君哲也因為這層「特殊人脈關係」，被大舅王永慶虧他「做兄弟」。腦筋動得快的廖君哲，也以「大家都嘛要當少爺，誰要當兄弟」回嘴。

回溯台塑集團的根源，廖君哲傳神地形容為「金條外交成功」。那個年代，做生意得打點很多人，年節送禮不可少。而且大舅王永慶社交手腕很好，當年生意都上酒家談，所以王永慶天天到酒家喝酒，認識了很多外省人；原本只會說台語的王永慶也學會了國語，還跟上海幫的趙廷箴熟識。後來也因為趙廷箴的關係，成功打入外省幫的主流社會，「後來連蔣緯國、辜振甫這些『龍會』成員他都認識，也因此意外投資了福懋塑膠工業；當時他連什麼是ＰＶＣ都不知道。」而在王月蘭紀念冊《點亮王家的永恆星辰》中也載明，王永慶曾借給趙廷箴十幾條黃金，幫趙廷箴解決困難，彼此建立了好交情。

廖君哲憶當年，指出趙廷箴的親舅舅陳慶瑜時任行政院秘書長，美援運用委員會第二處處長費驊更是趙廷箴一同撤退來台的江蘇同鄉；王永慶找趙廷箴出任總經理，有助於福懋對政府的關係。「那時福懋董事長也不是王永慶，福懋創辦人其實是永豐餘何家，何家三兄弟是大股東，還有一個股東是台紙創辦人張清來。董事長就是董事，直到一九五六年一月何義病逝日本、一九五七年投產後ＰＶＣ賣不出去，大股東紛紛退股，董座才吃下絕大多數股權，一九五七年就將名字改為台灣塑膠公司。」

草創時期的福懋公司，台北總部只有八到十人，負責採購跟業務；工廠則設在高雄。公司一級主管幾乎全都是外省人，就連趙廷箴的姊夫謝冠芳後來也到高雄廠任職。建廠三年都相當順利，但一九五七年投產後，問題接踵而來。其中最大的挑戰，莫過於工廠生產的ＰＶＣ幾乎連一噸都賣不出去，全部積壓在廠房內；因此，王永慶一通電話打到宜蘭要弟弟幫忙。王永在毅然退出了信興製材廠，一九五八年四月十七日留下紀念照，五月三十日連夜坐車到台北，六月三日到台塑公司報到，自此開啟了兄弟共同創業的台塑王朝。

王永在長子王文淵說，在羅東製材廠的那段創業歲月，是父親一生中最快樂、最自由的時光。但只因兄長一通電話，他就決定結束自己的事業，把所有資金投入台塑。一開始隻身南下高雄，後來發現需要長期駐廠，便舉家搬到高雄，與伯父王永慶一起創業、度過難關。

一問起羅東創業的往事，王永在就會打開話匣子。二〇〇六年在長庚高爾夫球場上，他邊揮竿邊說：「我早年在羅東做木材，那日子真的是好過，天天都『站』酒家，生意很快就談好了。」他說，喝完酒還得騎腳踏車回家，有一次醉了，騎一小段路就撞到電線桿，爬起來繼續騎；沒多久又撞到電線桿。「就這樣一路撞電線桿回家啦。」說完，自己又開心地笑了。八十五歲的總座，彷彿又回到三十五歲的模樣。

第3章

最忠誠的弟弟，最貫徹的執行者

哪裡有牆，我就挖牆，突破困難也要做。

——王永在

回憶一九五八年首次看到台塑高雄廠的狀況，王永在腦海中的畫面仍清晰如昨。整個倉庫堆滿了ＰＶＣ粉，「那時候都是推牛車。一台牛車，剛好可以塞滿一公噸的ＰＶＣ粉，一牛車推出去送人都沒人要。」一旁的王永在球友、聯發紡織董事長葉清澤，則作勢拉牛車邊喊邊叫賣，逗得王永在笑呵呵。

二〇〇六年，王永在在長庚球場已能雲淡風輕談著台塑草創期的辛酸。然而當時王永慶、王永在兄弟面對的，是打拚二十多年所累積的財富，恐因投資台塑而全數化為泡影的巨大壓力；這般傾家蕩產的恐懼，整整三年揮之不去。對於當年的困境，王永在受訪時表示：「那時候大家對塑膠都還很生疏，只覺得這個事業會有發展。但所有的事業都是剛開始的時候最困難，困難也是要做，要打破困難的難關。」

一九五七年，台塑高雄廠順利投產，每日生產四公噸PVC粉。但因為當時下游較具規模的化工廠，只有永豐化工以及第一化學兩家加工廠，加上當時國際PVC行情下跌；兩家下游客戶便以品質不佳為由，寧願去搶進口PVC粉也不願向台塑採購。藉著抵制台塑的手段，要求台塑承諾每月只生產八十公噸PVC粉，並要全數賣給此兩家業者。被下游挾制，導致第一年生產的PVC粉全數堆在庫存，連一公噸都賣不出去。當初合資的大股東，包括何家以及台紙創辦人張清來紛紛要求退股。王永慶將板橋、松山磚廠，以及十多甲的土地拿來交換台塑的股份，獨撐大局。

救火台塑　籌建南亞、台化

眼見整家公司陷入困境，不服輸的王永慶反而擴充產能；同時向下游發展，跨入加工業務以去化產能。因此，王永慶決定成立南亞塑膠加工公司，並於一九五八年四月打電話要王永在一起來打拼。阿兄一聲召喚，王永在立即退出信興製材廠營運。五月底跟著當時製材廠的會計陳信鈕一起南下高雄。六月三日，王永在已經在高雄出任台塑公司經理，將所有資金投入與阿兄胼手胝足創業，並開啟了長達十年的「廠管」歲月。

據知悉內情人士透露，當時台塑的營運已經陷入困境，王永慶的資金已經燒得差不多了。是王永在的資金及時注入，才讓台塑得以生存。只是很多人都誤以為台塑集團是王永慶獨有，甚至就連王永慶家族部分成員也常「錯誤解讀」。但事實上，台塑集團向來都是兩兄弟王永慶、王永在共有；若細究實質股權，王永在持有的股權甚至可能比王永慶還多。多年來，每年配得的股利，王永在就是不斷加碼回購自家股票。而王永慶較常借錢給別人，偏偏借錢不還的人不少，大大小小近百億都有；其中僅亞世集團鄭周敏家族就借了逾三十億元，最後將中國兩家飯店抵給王永慶。「這就是為什麼兩位創辦人名下的三寶股權，總座總是比董座多一些。」

同年八月二十二日，南亞塑膠加工公司成立。台塑與南亞工廠都由王永在在第一線督軍，王永慶與台塑總經理趙廷箴等高階主管則在台北遙控並負責銷售業務。在台塑集團任職滿五十五年的台塑董事長李志村，一九五八年十一月自成大畢業，經王永慶親自口試後聘僱進入南亞，只比王永在晚五個月進入台塑集團。他與王永在共事逾五十年，是台塑集團內與總座共事最久的同事。

李志村說，當年的台塑名不見經傳，連三輪車車伕都不知道這家公司在哪。「我到了高雄火車站，招了一部三輪車說要去台塑。三輪車司機連聽都沒聽過，我只好告訴他地址。結果好不容易找到附近，看過去一片稻田，根本沒有看到工廠。又再停下來，找地方打電話到台塑公司問，結果他們說在獅甲（今高雄市前鎮區），後來才找到。」

南亞成立的目的，一開始單純只是為了去化台塑產能，因此南亞只購置膠布機和壓花機各一台。一九五九年，南亞試了整間倉庫的台塑PVC粉。但生產初期，產品品質並不穩定；同樣無法去化台塑生產的PVC粉。

當時銷不掉的PVC粉，被迫直接一牛車一牛車地送到物資局去抵押貸款，借貸出來的資金再繼續購買原料持續生產。憶起當時，李志村說，當時馬路還不是柏油路，滿載PVC粉的牛車一運過去塵土飛揚。產品一直賣不出去，「我進到公司的第二年年底，紅包（年終）都還發不出來，那時候真的不容易。」王永慶與王永在再次決定逆勢操作，同時擴充台塑與南亞的產能，以突破困境。

然而，受限於外匯管制且缺少足夠資金採購更多生產設備，王永在督導的高雄廠區只能「土法煉鋼」，想出不用多花錢的「加快設備迴轉速度」的變通方法來增加產能。當時在現場操作的李志村回憶，雖然加快機器迴轉速度確實可以增加產能，但會產生一個問題，也就是原料乙炔容易外洩，一外漏馬上就會起火。「所以機器運轉的時候，滅火器就放在旁邊，一著火馬上撲滅、一著火馬上撲滅，但同時間機器還是持續在運轉喔！而且因為滑輪轉得太快導致無法及時散熱，設備溫度過高，旁邊還要有人不斷淋水才行。總之就很克難。」

「加快轉速」雖然讓產能增加二到三倍，但反應率卻從九成降至七成，良率大幅降低。關鍵就在於，他們買水銀自製為氯化汞做成的觸媒，因為溫度升高會讓汞昇華散去，導致觸媒反應率大降。足足研究了一年多，李志村終於發現，只要同時把所有儲槽內的觸媒一起換掉，即可解決良率問題。這段期間，王永在一句責備的話也沒有，就是力挺員工盡可能去尋找、嘗試各種解決方案。這般全然的信任，也讓員工更拼命工作，連過年都在工廠上班。

在王永在的管理下，高雄廠區近五十名員工上下一心，拼了命的要擴充產能，讓公司營運走出谷底，甚至不怕危險地「練出一身特技」。原來，轉速太快導致機器的運轉皮帶一天就要磨壞一條；但如果把機器停下來換皮帶，機器會卡住，得花更多時間處理。因此，廠區員工練就了在機器運轉時也能更換磨損皮帶的「絕技」。儘管一不小心就可能絞斷手指，卻不曾有人遲疑。

就這樣拼上全命，台塑每日ＰＶＣ粉產能從四公噸一步步擴充至二十公噸，南亞的生產線也同步擴大。此外，南亞生產的ＰＶＣ管材開始應用於營建業，逐漸拓展銷路；甚至還有人利用ＰＶＣ管製造捕魚的魚筏供漁民使用。這塊市場大餅，是愈做愈大。

隨著需求不斷成長，一九六〇年，王永慶決定在宜蘭冬山鄉籌設冬山電石廠公司，以解決PVC上游原料問題。而當年台塑與南亞的營收合計達一．四一億元，已是兩年前的三倍，顯見王永慶與王永在兄弟的新事業終於站穩腳步。打鐵趁熱，一九六三年，台塑集團又跨入二、三次加工業務，成立新東塑膠加工公司，以消化南亞生產的塑膠皮、布以及台塑的塑膠粉，生產雨衣、建材、皮箱及尿布等日用品；再次成功開拓市場，甚至轉而外銷搶進海外市場。

一九六〇年代，台灣的經濟政策由「進口替代」轉向為「出口擴張」，政府也祭出租稅減免等優惠政策以促進外銷，激勵國內二、三次塑膠加工廠如雨後春筍冒出。台塑轉投資的新東公司在市場宛如領頭羊，新東一招聘員工，應徵者趨之若鶩；大家著眼的並不是每月三到四百元的薪資，而是冀望學會加工技術後再出來創業當老闆。甚至還有大專生獲聘雇後被調往研發部門便馬上辭職了，因為這阻礙了他的創業之路。

新東公司成了國內二、三次加工廠的搖籃，一批批青年幹部學成技術後即自行創業，短短三年時間，國內三次加工廠增至數百家。眼見市場成功開拓，王永慶決定解散新東公司，專注在上游原料生產，不與下游爭利。一九六五年三月，台化公司在彰化設立，以山上的枝梢殘材製造木漿，再把木漿生產成化學纖維以代替天然棉花。肩負起台化建廠重任的，一樣是王永在。

在台塑、南亞創始初期，王永慶還經常搭夜車南下高雄廠視察；之後所有海內外的工廠，王永慶都鮮少巡視。而王永在因長年駐守廠區監工，喜歡「走動式管理」，工廠大小事一清二楚；有時候脾氣一來，便指著同仁破口大罵，因此有「雷公在」的外號。但事情一過，總座又會跟大家打成一片。相較於王永慶在遙遠的台北指揮坐鎮，王永在對員工來說，既是老闆，也是一起打拼的同袍，更像一家人般親近。

與兩兄弟共事逾五十年的李志村，以「絕配」來形容王永慶、王永在的合作。「兩兄弟特性不同，董座認為只要管理制度建立好，根本不必到工廠，常常去工廠就代表管理沒有上軌道。但總座因為長期負責管工廠，認為熟悉工廠很重要。可以說董座是理論派，很堅持自己的理想、大膽擘畫前景，但去執行的人其實是總座。」

當年為了改善南亞聚酯纖維廠營運，王永在親自到場管理，一待就是兩年多，終究轉虧為盈。而後來台化彰化廠創立，一開始從外面請了一批台肥的人進來，但這些主管難以指揮調度、彼此互扯後腿。最後，王永在決定前往彰化整頓，去的時候還對高雄廠區員工說：「（台化）哪裡有牆，我就挖牆，突破困難也要做。」結果，他一待就是兩年多，把台化帶起來了。

當時，王永在採用利潤中心制度，一個工廠即是一個利潤中心，獨立核算並自負盈虧。他要求把虧損單位和營利單位的帳目，分別以紅字和黑字標示出來，並要求各單位主管了解會計資料的來龍去脈，重視自身的成本。三個月後，紅字的單位變為黑字；黑字的單位受到鼓舞，也更有動力賺錢。不到數月，台化整體業績轉虧為盈，還維持了很長一段時間。

事實上，不論是台塑、南亞或台化，甚至是後來的六輕工程，王永慶幾乎從未在第一線監工。終其一生，王永慶到六輕不超過十次。每年的高雄廠區暮年會以及六輕廠區暮年會，也只有王永在出席。王永慶對於「不到工廠」的獨特經營管理模式相當堅持，其中最經典的故事，是一九七三年台塑赴波多黎加設廠，王永慶千里迢迢搭經濟艙轉機飛到波多黎各開會；但在飯店一開完會，就要馬上飛回台灣。主管建議他到工地看看，為日以繼夜蓋廠的員工與台幹加油打氣，王永慶卻悍然拒絕，顯見他個性執著的一面。

李志村認為，台塑集團可以有今日的規模，兩兄弟缺一不可，「董座判斷哪個產業可以投資的第六感很準，但執行策略上經常會太急躁；總座很有執行力，而且是按部就班、一步步踏實去做。但總座對於制度建立跟 planning（投資計畫擬定）就不像董座那麼投入。他們兩個有一個共同點，就是意志力堅強，所以六輕從最早提出到真正拍板定案麥寮，一拖二十年，他們都沒有放棄。」

一個站在制高點規畫布局、一個堅守現場改善營運，雖然兩人目標一致，且決策權主要掌控在王永慶手上，但兄弟倆難免有意見不同之處。像是王永慶基於成本考量，採購機械設備喜歡一次大手筆購買幾十台，以量制價來壓低採購成本；但熟悉工廠運作的王永在卻覺得機器每隔幾年就會更新功能，與其一次採買太多讓設備閒置，不如分梯次採購，預留部分空間給未來性能更強或價格更便宜的設備。

據一名王永慶二房成員指出，當初南亞、台化剛成立時，兩人就曾經為了要購買多少台設備意見不同。最終雖然尊重董座的意見，但後來發現初期採購的設備不夠好用，有一些機器閒置甚至從未打開。隔了幾年又有新機種上市，只好再採買更新、更好的機器。此後，每次遇到設備採購案兄弟意見不同時，總座私下就會唸阿兄王永慶「大頭症又犯了」。

早年包括南亞與台化的紡織染整設備，都由管理工廠的王永在負責採購。由於南亞與台化產能不斷擴充，台塑集團成為義大利紡織廠設備商的VIP，有些設備商研發出屬公司內部高度機密的最新紡織設備，王永在都可以直奔設備商的工廠察看新機器。熟知各種設備的性能，他還會定期到德國以及義大利看機械展和紡織設備展，對於設備的要求會以功能性做總合考量，與王永慶習慣「以量制價」的採購模式不同。

雖然對於設備採購，兩人觀念不盡相同，但兩兄弟對於喜愛的食物卻一樣執著。王永在每次到日本買設備，就喜歡去吃一家名為「スエヒロ」（SUEHIRO）的牛排館，可以每天都造訪。而且非常好客的他，總會邀請同行主管一起吃晚餐，大家只好陪他連續吃好幾天的牛排。董事長王永慶出差日本時，則喜歡去築地一家壽司店吃壽司；他也一樣，只要到東京就天天吃同一家壽司店。那如果兄弟一起去日本，要吃壽司還是牛排館？集團高層笑笑地說：「不會有這個機會，因為他們兩個不會一起出國。」

王永慶與王永在設備採購上觀念相左的情況，在六輕興建時期日益嚴重，甚至導致王永在七十年來，首次對阿兄「抗命」。衝突的引爆點是是麥寮廠區的發電設備採購案，當時王永在罕見地態度強硬，讓台塑集團上下印象深刻。事隔十多年後，只要談起「兩兄弟有沒有吵過架」，台塑人往往會心一笑，然後說：「是有一起麥寮發電設備採購事件。」就連王永在的次子王文潮，迄今仍對這起事件印象深刻（細節將於第6章詳述）。

王永在學高球　打進政商名流圈

王永在管理高雄工廠的五年間發生了兩件事，對他一生的家庭與事業影響久遠。一是與周由美相戀，另組家庭。其次就是學會打高爾夫球，一打逾五十年；高爾球場也意外成了王永在結識黨政高層、厚植政商人脈網絡的最佳場所。

出生於一九四五年的周由美與王永在相差二十三歲，同樣是新店直潭出生的她，因家境清貧很早就出社會工作養家，十餘歲即到高雄工作，因緣際會認識了王永在。基於同鄉情誼，王永在與周由美迅速陷入熱戀，並於一九六三年生下王文堯，周由美也成了王永在的二夫人。當時賓士車相當罕見，王永慶知道弟弟喜歡開好車，買了一台賓士車給王永在。王永在常常開車載著周由美，在台化彰化廠及台塑高雄廠兩邊跑，甚至連出國考察也帶著周由美同行。

雖然王永在同樣有兩房妻室，但比起阿兄王永慶二房王楊嬌與三房李寶珠之間的水火不容；王永在大房王碧鑾與二房周由美之間的關係，相對和緩許多。王家親友認為，王永在的分寸拿捏得宜是很大關鍵：「雖然總座最常帶著周由美出現在各種場合，但不可能撼動大房王碧鑾的地位。對待三個兒子，王永在更強調長幼有序，接班一定是大房的兒子王文淵、王文潮，王文堯就是自己很疼愛的小兒子。家庭這個領域，總座處理得比董座好；這也是為何直到總座辭世，總座家族都未傳出家庭失和的傳聞。」

學會打高爾夫球，同樣對王永在的一生影響深遠。即使阿兄王永慶一開始以「奢華的運動」反對王永在打球，都未能阻止王永在上果嶺揮桿的熱忱。王永在也藉由一場場球敘，串聯起綿密的政商網絡。

據王家一親友指出，一九六一年高雄澄清湖球場啟用後，總座王永在就學會打高爾夫球，還經常呼朋引伴。董座王永慶在台北沒打過高球，但根深蒂固地認為，跑步跟游泳都是免費又有效的好運動，不理解弟弟王永在為何還要花錢運動，直叨唸弟弟很奢華。但王永在認為，高爾夫球不只是運動，更是一種政商聯誼。因此私下天天去打球，不讓人在台北的王永慶知道。

後來王永慶的三夫人李寶珠也熱愛高爾夫球，且球技不凡，不斷說服王永慶嘗試打高爾夫球。最後她帶著王永慶到水源路的高爾夫俱樂部（今青年公園現址）揮桿，王永慶自此也天天上球場。但是對王永慶而言，打球就是為了運動，而不是去交朋友。因此他是三更半夜趁著球場沒人的時候，跟著三夫人李寶珠去打球。

一般球友享受果嶺推桿進洞的喜悅，王永慶竟認為果嶺推桿沒有運動效果，因此不打推桿。當時的桿弟蔡合城為了找小白球，還要把手電筒帶在身上，只要王永慶一揮桿，他馬上拿手電筒尋找球的方位。王永慶性急，常在桿弟還沒放好球時就揮桿，弄壞了好幾根球桿。

冬日因天色灰暗，常常找不到球。蔡合城會多帶幾顆高爾夫球在身上，一旦找不到，他會機靈地將小白球拿出來說「在這裡」，讓王永慶可以繼續打球；三娘私底下也會多給桿弟小費，彌補球遺失的損失。從一九六九年至一九七四年，王永慶天天打球，打了五年。一九七四年三月，水源路的高球場關閉改為今天的青年公園，於是王永慶決定「封桿」，理由是「打球太麻煩，游泳在家裡（與三夫人同住的台化招待所）就可以游了」。此後，王永慶沒有再打過一次高爾夫球。

相較於阿兄王永慶打高爾夫球的純運動功能，王永在對高爾夫球的熱愛有其「政治正確性」考量。「台灣高爾夫球俱樂部」於一九五二年成立時，就是因應美軍顧問以「促進國際交誼」之名，將淡水球場重新整修。早年上高爾夫球場揮桿的，不是達官顯要就是政商名流，例如一九五二年，第一屆高爾夫球俱樂部會長是台灣銀行董事長徐柏園。

一九五六年，中華民國高爾夫委員會正式成立，第一任主任委員即由全國體協理事長周至柔將軍推薦的中國銀行總經理陳長桐出任，並借台北高爾夫俱樂部為會址。

藉由一場場球敘，本省籍的台灣商人王永在自然而然打進以外省人為主的政治圈。一些在官場上談不好、喬不攏的事情，都可以在球場上溝通、釐清，讓事情更圓滿。況且王永在本就熱情好客，喜愛呼朋引伴；球場上的王永在，可以自在地當「王永在」，而不是「王永慶的弟弟」。

一九六八年之後，王永在北上回總公司上班。隨著台塑集團不斷壯大，王永在也接下高爾夫球俱樂部（淡水球場）的會長數年，因此認識了許多政府官員，包括李登輝、郝柏村以及俞國華等政要。一九七九年，台塑集團決定投資成立「長庚球場」，對於為何要跨入球場經營，王永在曾打趣地說：「我怕以後沒有會長可以做，所以乾脆搞一個球場，自己可以當終生會長。」

與王永在相識逾四十年的球友彭漢雲說：「總座待人寬厚，對哥哥有求必應，對朋友傾力幫忙。而且他幫助人都不會說出來，有些人甚至直到辭世，都不知道王永在曾經幫了他什麼。」他舉例，早年淡水球場有一個榮譽會員制度，只有少數政府高階首長享有榮譽會員福利。但很多政府要員不知道自己其實不符合VIP的資格，還常常以VIP的優惠打球，造成球場困擾。

總座知道後，特別交代球場員工，不可以告訴這些人他們不符資格。就讓那些官員繼續打球，他自己掏腰包補足所有差價，等於所有費用都是王永在一人買單。「那些人生前根本不知道自己不夠格成為VIP會員，也不知道他們打的球都是王永在請客，都不知道。所以，總座這樣做根本不求回報，完全沒有。他只是單純覺得不要去傷害別人的自尊心，僅此而已。」

正因為王永在行事圓融、與人為善的作風，讓長庚球場開幕後立即成為政商名流最喜愛的球場之一。一九九〇年初，王永慶因遠赴中國考察海滄計畫曝光，引發台灣府院高層震怒，王永慶避居美國近兩年。後來也是王永在於長庚球場，化解了李登輝與王永慶的心結（這部分將於第5章詳述）。

鮮少人知道，長庚球場廣達一百一十六公頃的林蔭綠地，早期其實是台塑經營的農場。早年王永慶去吃牛排，生性節儉的他對於一小塊牛排要價不菲大感吃驚，決心要「打破市場規則」開起牛排館，而且一開始就要「上下游垂直整合」。於是王永慶就在林口山上養起牛來，以每隻小牛四千五百元的價格收購了一千隻，並選擇在長庚醫院現址開了「台塑牛排」，主打便宜又好吃的牛排。沒想到開幕後門可羅雀，因為牛排在當時是奢侈品，一般市井小民不會上牛排館吃牛排，而有錢人吃牛排就是要吃排場，太便宜的價錢反而凸顯不出餐廳的高貴。最後只好關門歇業，這也是王永慶早年創業「失敗」的案例。

另外一個創業失敗的案例是西裝店，王永慶同樣對於一套西裝的高昂價格不以為然，因此又突發奇想，決定成立「台麗服飾」，訂作便宜又好穿的西裝；同樣以關門收場。連續兩次創業失敗的案例，讓台塑集團高層得到一個結論：「董事長不能做服務業，因為有派頭的事情，他不喜歡也做不來。」

台塑牛排歇業後，台塑農場也失去存在的理由。農場荒廢了，一群群牛隻也不知是賣掉還是送給人，總之是不知去向。一九七二年，行政院長蔣經國頒布「公務人員十戒」，禁止公務員上酒家喝酒；之後又提倡全民運動。因此高爾夫球球敘成了政商圈交流的最佳場合。一九七九年，王永在以響應政府「全民運動」的名義，申請將台塑農場改為興建長庚球場。原本王永慶並不支持，但後來王永在以「有一個球場更可以帶動台塑集團主管一起好好運動」的理由，成功說服了王永慶。

球場於同年六月規劃興建，一九八一年五月完工。但因為申請的是不對外開放的台塑集團私人俱樂部，政府不滿廣達一百一十六公頃的土地淪為少數人的休閒場合，遲遲不核發執照。直到長庚球場同意對外開放，政府才准予興建會館，一九八五年落成後對外營業。

在一九八一年球場完工後，台塑集團高層就在王永在呼朋引伴下，每逢週末去球場打球。因為當時尚未取得興建會館的執照，也未對外開放，球場宛如自家集團的後花園。一群集團高層可以一大早就去打球，到十點已經打了三十六洞，之後在一間很簡陋的屋子沖涼盥洗。球場正式落成後，也開放給台塑集團高階主管認購球證。每週大家一起打球，無形中也促進了彼此的感情。平常工作上碰到什麼困難或歧見，往往打完一場球、大家一起泡澡，裸裎相見後自然化解對立、達成共識。

一發現有好打的球桿，王永在還會自掏腰包買下來，大方送給王金樹、李志村等台塑高階主管每人兩支球桿。對於當時還不是高階主管但有潛力的幹部，王永在也會特別留意。例如南亞董事長吳嘉昭早年喜歡爬山，因此沒有認購球證；王永在看到名單上沒有吳嘉昭，一次會議過後，特別跟吳嘉昭說：「去買一張球證來打球。」自此吳嘉昭也成了早球隊一員，如今球技更有七十二桿的水準。知道吳嘉昭有球技，王永在還惺惺相惜，把日本客戶送的球桿轉贈給吳嘉昭。

憶起一九七〇年甫進台化與總座在彰化共事的往事，吳嘉昭眼眶泛紅地說，總座嚴格的時候很嚴格，但是待人非常好，「跟他一起共事三、四十年，很敬佩總座七十歲的時候還跳到第一線蓋六輕跟重整南科。我現在也七十歲了，才知道總座那時候有多辛苦。他比我爸爸大一歲，對我來說就像是自己的長輩一樣，又受到他很多照顧，所以很感念他。」

長庚球場一九八五年正式對外營業迄今已三十年，但王永慶從來不曾在長庚球場打過一場球，只偶爾去用餐而已。他不打球的理由也很簡單，就是「把運動從打球換成游泳」。而且早年沒有溫水游泳池，王永慶不管春夏秋冬一定來一趟晨游。後來更要求王瑞華、王瑞瑜、王瑞慧、王瑞容幾個女兒，即使在冬日也要晨泳。讓女兒們苦不堪言，哭著閃躲不想下水。

儘管長庚球場從無到有，皆由王永在主導；也儘管球場多年的經營都由王永在負責，但在阿兄王永慶生前，王永在從未掛名球場董事長，他選擇成為阿兄背後隱匿的王者。

二〇〇八年十月十日，長庚球場舉辦「長庚盃」與「企業盃」，王永慶與王永在兩兄弟特別出席了晚上的餐會。兩人把酒言歡，一旁還有人唱歌助興。王永慶因為隔日要搭機前往紐約，提早離開。未料，五日後，王永慶在美國驟逝。

長庚球場這場晚宴，是王永慶、王永在兩兄弟最後一次聚首。八十七年的兄弟情誼，在此畫下句點。

趙廷箴出走　本省籍幹部崛起

從米店發跡、木材買賣致富，之後王永慶與王永在一腳跨入塑化業，壯大台塑集團；而這個重大的事業轉折點，與趙廷箴息息相關。王永慶與趙廷箴兩人相知相惜，創業時為最佳夥伴。一九五四年開始，趙廷箴就是台塑總經理。即便王永在於一九五八年加入台塑，也是直奔高雄駐廠，難以撼動趙廷箴總經理的位置。顯見當時王永慶對趙廷箴的器重。

王永慶外甥廖君哲指出，趙廷箴是江蘇人，親舅舅是後來成為財政部長的陳慶瑜，黨政關係良好。而且趙廷箴老家在中國是富裕人家，他受了良好的教育，精通英、日語，「那個年代就是要外省人才會關係好，所以台塑、南亞剛開始幾乎都聘請外省人當總經理。台塑是趙廷箴、南亞第一任總經理是一個推事（律師）劉學恒，一樣是外省人。王金樹跟李志村那時候都還在高雄，是趙廷箴離開台塑之後的好幾年，才調回台北的。」

當時不僅趙廷箴在台塑，就連趙廷箴的妹婿謝冠芳都在台塑台北總部任職。台塑高雄廠則由王永在擔任經理，王永在的親信陳信鈕則在高雄廠當會計。至於王永在的妹婿，曾任職於警界的張仁峰，也在高雄廠當製造科課長。由此可見，當時台塑集團的台北核心幹部，仍以外省幫為主。然而，一九六四年，就在台塑成功獲准上市的同時，趙廷箴卻請辭台塑總經理，決定另創「華夏海灣塑膠公司」。為何台塑集團上市籌資的起點，卻是王永慶與趙廷箴兩人合作的終點呢？

一九八九年，趙廷箴接受《遠見》雜誌專訪時給了答案。趙廷箴說：「從跟台塑合作，我就明白中國人是很難合作的，所謂一山難容二虎。離開台塑後，我就找美國人合作；以後我所有事業都找外國人，到現在沒有一次失敗過。」廖君哲則說：「美援PVC投資計畫有十年的保護期，也就是十年內不可以有其他公司成立PVC工廠。從一九五四年到一九六四年剛好滿十年，所以趙廷箴可以自己出去開公司。能當老闆，誰要留著當夥計？更何況，真正有黨政關係的人是他，趙廷箴當然要選擇創業呀，他走的時候還帶走一批台塑的主管。」

憶起當年北部由王永慶、趙廷箴鎮守，高雄工廠由總座掌管的「鐵三角時代」，李志村直說：「那樣的組合，其實是最好的搭配。」李志村分析，在當年外省人掌控大局的時代，跟中油拿乙烯是要磕頭的，你是台灣人或外省人，有很大的差別待遇。而且趙廷箴個性圓融、面面俱到、黨政關係良好，這些都是董座王永慶與總座王永在缺乏的，「他的離開對台塑是傷害，對他自己也不一定好。」

一九五九年開始，台塑與南亞開始獲利。為了避免機密資訊外流，當時高雄廠區紀錄的相關資料都由主管收藏，杜絕外流的可能性。一九六四年，趙廷箴帶著一批外省幹部出走成立華夏海灣塑膠公司，台塑為防堵其他員工被挖角，一口氣送了十個人到日本取經，學習嫘縈（Rayon）生產技術，實習時間長達一個多月。但回來後還是有部分台塑員工跟著趙廷箴出走，有些又被其他工廠，如國泰與義芳挖角。但南部的工程師，包括王金樹與李志村還是選擇留在台塑，其關鍵原因就是對王永慶與王永在的信任。

一九六〇年代，王永慶在香港認識了於日本神戶開設ＰＶＣ吹氣製品廠的美籍猶太商人卡林。由於卡林精通日語，雙方相談甚歡，王永慶就延攬卡林來台合資成立卡林塑膠公司，生產雨衣、浴簾等塑膠製品，成功開拓塑膠二次加工商機，成為台灣第一家專門做塑膠玩具出口的公司。不久後，趙廷箴則與美國的美泰兒（Mattel）合作成立美寧公司，生產芭比娃娃。高峰時期在泰山擁有八千名員工，讓台灣一度成為世界的芭比王國。

趙廷箴出走，王永慶、王永在兄弟雖不樂見，但雙方仍維持情誼。事實上，趙廷箴深厚的人脈不僅打通台塑集團對政府關係，甚至為王家兄弟開了另一扇門，為台塑集團的海外金脈鋪路。趙廷箴家族在中國原本就是大戶人家，往來無白丁；國共內戰時，他選擇與政府撤退來台，一部分朋友也跟著來台從商；另一些朋友則轉而逃往海外，其中一位好友秦本鑑到了英國。

趙廷箴後來引薦秦本鑑與王永慶相識，兩人一見如故成為好友。正因為這層關係，王永慶決定讓王家二代成員到英國求學。一九六〇年，王永慶二房長女王貴雲及王永在長子王文淵小學畢業，即相偕赴英國讀書；一開始就寄住在秦本鑑英國家中。

兩年後，王文潮與王文洋、王雪齡與王雪清一同赴英求學，王文潮與王文洋就讀英國軍校的寄宿學校 St. John’s School, Leatherhead。王家也在倫敦西北區的 24 Thornton Way 買了一幢洋房，作為王家第二代在英國的家，秦本鑑就偶爾探視照顧。王永慶與王永在只有在赴歐洲看展覽或出差時，才偶爾到英國探視子女。當時王家六名二代成員中，王文淵以長兄身分代為監督，要求男孩子輪流打掃居家環境跟煮飯。

僅從王永在子女赴英國受教育一事即可看出，於公，王永慶是台塑集團的大掌門；於私，王永慶也是王家的大家長，一切家務事都由王永慶當家作主，王永在一切聽命阿兄的安排。當年所有王家二代成員至英國念書的相關事宜，都由王永慶決定。甚至王文淵後來在美國結婚時，父親王永在並未到場，而是由伯父王永慶擔任主婚人。

王永在次子王文潮曾說：「早年，伯父比我父親更像爸爸，因為所有事都由伯父安排，就連我們到倫敦求學，也是我伯父探望我們的次數比爸爸更多。三十二歲我回台灣之後，跟爸爸一起共事，我才重新認識我爸爸。也才知道，他雖然沒說出口，但他一直很愛我們。」

王永慶與王永在的外甥廖君哲

第4章

啟動海外布局，台塑集團脫胎換骨

迪士尼有什麼好看的？走，我們回飯店開會。

——王永在

從一九五八年至一九六八年，王永慶與王永在胼手胝足，歷經草創的辛苦，為台塑、南亞以及台化扎下深厚的根基。一九六七年，台塑、南亞以及台化三公司的營業額已達十四億元。站穩國內市場後，下一個階段，台塑集團雙管齊下，對內推動體質調整，著手制訂集團內所有制度規章，將台塑集團的運作生產、銷售、管理全面制度化、電腦化；另一方面也積極拓展國際投資機會，啟動海外布局計畫。從一九七〇年至一九九〇年，是台塑集團脫胎換骨、躍上國際舞台的關鍵二十年。

在趙廷箴帶走一批外省籍主管，另創華夏海灣公司之後幾年，台塑集團於一九六八年成立「總管理處」，並拔擢本省籍幹部。鎮守高雄廠近十年的生產線主管們大規模北調，包括當時台塑工務部主管王金樹以及李志村調往台北擔任主管；而一手督導台塑、南亞高雄廠、台化彰化廠的王永在，在完成讓三廠營運上軌道的階段性任務後，也在同年調往台北，出任總管理處總經理，為台塑集團海外布局做準備。

一九七〇年初，台灣受限於外匯管制以及紡織品出口配額已滿，台塑集團在台灣的塑膠布以及化纖產能已無法擴充，因此萌生海外設廠的想法。評估後，認為美國的土地便宜、電力充沛且石油儲量夠，若從美國生產EDC，還可運回台灣供給台塑PVC廠。於是到美國視察了史托福（Stauffer Chemical）的工廠，並發現台塑的經營績效優於美國業者，到美國設廠有潛在商機。之後到美國境外的波多黎各自由邦考察時，發現當地原油價格較美國便宜，許多業者選擇到波多黎各設廠，再將產品外銷美國；波多黎各的石化上下游垂直整合鏈成形。因此，在台塑負責籌畫海外投資計畫的王金樹及李志村，建議台塑到波多黎各設廠，經董事長王永慶及總經理王永在力挺，一九七三年台塑海外第一座ＰＶＣ廠確定落腳波多黎各，台塑集團揮軍前進美洲市場。

主導整起投資計畫的李志村說，台塑集團成立一甲子，從高雄鄉下一家小型ＰＶＣ廠壯大到今日全球第七大石化集團，最重要的關鍵，就是兩位創辦人充分信任、授權。「你提出新計畫，跟他們兩人報告，他們只要一聽覺得可以，就完全授權你去推動，甚至還開空白支票給我們去美國談併購案。兩兄弟都性急，尤其董座會不斷問你最新進度，有時你還不敢把不成熟的計畫跟董座報告，就怕他追著你問進度。而且就算你的新事業失敗了，兩兄弟也不會追究，因為他們鼓勵員工創新、不斷成長，所以我們在台塑工作，會很有成就感。」

台塑波多黎各廠投產後，踏出國際市場的第一步，也開啟了更多海外投資機會。一九七四年，尼加拉瓜新任總統蘇慕薩（Anastasio Somoza DeBayle）將軍訪台，並兩度拜會台塑集團董事長王永慶，張開雙手歡迎台塑集團前往投資。

負責台塑海外新投資的王金樹與李志村，因此前往考察中南美洲商機。第一站先抵達薩爾瓦多，由王永慶的好友、薩爾瓦多大使謝然之帶路考察；之後再轉到尼加拉瓜，結果發現尼加拉瓜的貧富差距太大，七大家族掌握全國七成的財富，一般市井小民生活太過困苦，且市場規模不大。幾經評估，王金樹與李志村認為尼加拉瓜投資風險太高，決定放棄。但他們對於國民所得與台灣相當、人口又多的巴西市場深感興趣，就逕自去巴西視察，發現新機會。

王金樹與李志村考察後認為，巴西的塑膠市場需求大，且出口到美國沒有配額限制，當地又沒有幾家競爭對手，相信台塑集團在巴西投資不久後即可另闢一個王國。一回台灣，即向董事長王永慶與總經理王永在提出「巴西ＰＶＣ廠」投資計畫，剛好巴西政府抛出「ＰＶＣ廠國際標案」，台塑有意提出申請；王永慶隨即請王永在再次前往巴西確認是否適合蓋廠投資。於是王永在帶著二夫人周由美與集團主管們一同飛抵舊金山，待取得巴西簽證後再轉飛巴西。

因為作業不及之故，一群人意外在洛杉磯多滯留一天。當下主管們提議要不要順道去附近的迪士尼樂園遊玩，周由美一聽興致勃勃，但一旁的王永在搖搖頭說：「迪士尼有什麼好看的？走，我們回飯店開會。」最終，一行人又回到飯店開會，哪裡都沒去。

回國後，王永在也支持巴西建廠計畫，台塑遂於一九七四年向巴西政府提出申請。一開始，巴西政府不知道台灣在哪裡，質疑台塑集團是否有能力投資；台塑集團便邀請巴西政府前任工商部部長來台參訪，巴西政府才驚覺台塑集團當時營收規模已高達一百五十一億元。台塑集團如願取得標案，與巴西政府簽約，並由台塑、巴西的國營事業以及一位林姓華僑三方籌組合資公司。

當時，巴西剛好與中國建交。後來巴西政府反悔了，原本同意台塑集團可以將設備整廠輸出到巴西再組裝，卻改為要求台塑集團必須拿出外匯到巴西投資。但由於當地政府針對國內機械廠採取關稅保護措施，因此在當地採購或打造機械設備，成本將翻漲二到三倍；且台灣政府當時有外匯管制，禁止資金從台灣匯出。於是王永慶萌生退意，巴西政府此時提出了「自巴西外銷美國的運費，由政府補貼」的折衷方案。

王永慶原本就反對任何補貼方案。他認為，企業要靠政府補貼才能生存代表沒有競爭力。但最後確定放棄巴西投資案，是因為正要開始投入資金的時候，發生巴西官員索賄事件。索賄金額不大，但王永慶認為，這個國家貪腐至此，在此成立工廠久了，員工也會受到影響。因此將巴西投資計畫喊「卡」，並特別找來王金樹與李志村說明：「我相信巴西市場如你們評估很有潛力，但應該也會有很多麻煩，不需要去這樣的地方投資。」至於王永在，則全由阿兄王永慶決定，沒有任何意見。

在巴西投資計畫的過程中有一段小插曲，凸顯出王永慶、王永在兩兄弟知人善任的經營長才。一九七四年間，王金樹、李志村以及當時台塑另一名主管蔣華樂，三人已有意合組公司創業。主要是認為，幫人打工總不是自己的事業，況且勞資的報酬分配天差地遠，因此有意請辭，但三人也決議「創業項目絕不與台塑衝突」。剛好後來有巴西投資計畫，董事長王永慶要求王、李、蔣三人之中必須要有人派駐巴西，最後三人推派蔣華樂負責。而後巴西投資計畫決定中斷，蔣華樂便直接離職，並籌備三人合資成立的「立邦企業」，生產原子筆的藍色原料（Phthalocyanine Blue）。

一九七五年，王永慶又將投資觸角鎖定美國，有意向陶氏企業（Dow Chemical Company）併購一VCM（聚乙烯單體）廠，以切入美國市場；同時規劃德州投資計畫。但王金樹與李志村對美國投資沒有興趣，且王、李、蔣三人合資的立邦企業已經成立；因此陪伴王永慶與三夫人李寶珠在美國視察時，兩人便告訴李寶珠，不久後應該會離職創業。李寶珠大吃一驚，力勸兩人不可貿然行事，而且一定要迅速知會董事長。

回台後，王金樹與李志村即向王永慶與王永在兩兄弟表示要出去創業，結果被全力慰留。王永慶說：「不可以！怎麼可以，我們兩個在的時候怎麼可以讓你們辭職！」王永在更直接以「袂使！莫講！」否決兩人辭呈。為了力挽人才，王永慶與王永在決定提高王、李兩人的待遇，至於提高多少，李志村迄今仍不願透露，只笑笑地說：「不能講！不能講！就是有提高。」

對於王金樹、李志村與蔣華欒合資成立的立邦企業，王永慶與王永在兄弟選擇睜一隻眼、閉一隻眼。王永在個性圓融，對此事原本就不會太反對。但就連個性剛毅頑強、不輕易妥協的王永慶，也只是偶爾向王金樹抱怨「那家公司董事長掛王金樹，這樣不好看啦」，顯見對王金樹與李志村兩人的倚重。

李志村說，當年跟王桑（王金樹）會選擇留下來，還有一個很重要的原因。當時，董座有一個好友是休士頓大學副校長黃振榮博士，因為他念化工且留日又留美，彼此都有交情。黃振榮得知他們有意自行創業後，苦口婆心地跟李志村分析：「台灣可以出一個台塑集團是很不容易的事情，你幫忙王永慶、王永在兩人可以成就一番大事業，這也是一個功勞。你們自己出去創業，只能做小事業；跟著王家兄弟卻可以創造不平凡，這也是個機會。」黃振榮的一席話，也讓王、李兩人打消了辭職念頭。

眼見台塑從高雄車站的三輪車伕都不知道在哪的小工廠，到今日全球第七大石化集團，李志村與王金樹不只是台塑集團的老臣，也不只是跟隨王永慶、王永在兩兄弟南征北討打天下的頭號大功臣，更是一路陪伴他們走到人生終點的家臣。

二〇〇八年十月十五日，王永慶驟逝美國，王金樹與李志村隨即到王永在家中討論如何處理後事。當天傍晚，李志村回到台塑大樓，當我問起後續處理事宜時，李志村不禁啜泣：「我跟董事長，比跟我爸爸還久……」當王永慶的棺木移靈到林口山上的長永紀念福園時，當時已八十多歲的王金樹，忍不住躲在洗手間痛哭失聲，現場所有人為之動容。六年後，二〇一四年十二月十四日的王永在告別式，李志村講述王永在生平，提及「總座私下把同仁當成家人，跟同仁打成一片，讓我們感覺台塑企業就像一個大家庭……」，他老淚縱橫遮住了視線，一度語塞。

「會不會後悔當年沒有出去自己創業打天下？」我疑惑問他。臉上掛著招牌微笑，李志村說：「現在回頭看，黃振榮說得沒有錯。留下來才能協助兩位創辦人做大事業，留下來是對的！這是一個機會，不簡單。出去我可能做一個小事業，但是做不到六輕這樣大。我不後悔。」坐在李志村的辦公室裡，聽李志村說著不悔四十年前的決定，我深刻體悟到，台塑集團之所以能有今日，是因為這些出類拔萃的人才願意擱下自己的雄心壯志、捨棄自己的王國，心甘情願隱身幕後，成為台塑王國的一名臣子，耗盡數十年的青春歲月締造偉業；而這不凡的成就，全歸給了經營之神王永慶——李志村、王金樹是如此，王永在亦然。

只知 Y.C. Wang，不知 Y.T. Wang

第一次石油危機之後，波多黎各因進口原油行情大漲，導致煉油廠紛紛關廠，也牽動下游的 VCM 廠及 PVC 廠缺乏原料而停工。台塑原本向 PPG 工業集團（PPG Industries）購買 VCM，因 PPG 的 VCM 廠確定關廠，台塑的波多黎各 PVC 廠也只能被迫結束。於是台塑集團更加快於美國的投資布局。

一九七七年，美國聯合化學公司（Allied Chemical）有意出售路易斯安那州的工廠。最先與聯合化學接觸的，是英國ＩＣＩ集團；但接觸一年多，遲遲未拍板定案。台塑集團得知後，不到三個月即表明有意收購，未料ＩＣＩ集團突然決定購買，台塑集團因此錯過投資機會。然而，ＩＣＩ集團接手工廠後，改名為ICI America Baton Rouge，經營三年仍無法遏止虧損。因此該廠廠長詢問台塑集團，是否仍有意願吃下ICI America Baton Rouge？台塑評估該廠有發行債券且利息很低，整筆交易所需現金不多相當划算，一口就答應併購ICI America Baton Rouge廠。

沒想到買下沒多久，隔壁的艾克森美孚（Exxon Mobil）想興建燃煤發電廠，因此詢問台塑集團，可否將ICI America Baton Rouge旁閒置的一塊土地出售。台塑集團認為，要出售土地還得搬遷設備，同時再拓展基礎設施，意興闌珊，就隨口開了一個高價。一週後，艾克森美孚火速拍板同意以此價格交易。台塑等於意外大賺一筆，就向董事長王永慶報告這筆交易，王永慶得知後還狐疑：「開這麼高價，真的會成交嗎？」結果，這筆交易讓台塑賺了不少價差，手握充沛資金伺機併購其他工廠。

一九八〇年初，有一段時間因為手頭現金多，台塑集團開始買入陶氏化學的股票，結果越買越多，買到陶氏化學驚覺台塑集團暗中「加碼」不少持股，私下透過人打探台塑是否有惡意併購的企圖。但得到的答案卻是「現金多、純投資」，也讓Y.C. Wang的名號不脛而走。

不久，台塑又相中德拉瓦州史托福的乳化粉PVC工廠。那時代表台塑集團出面，與史托福談併購案的是李志村。雙方對於交易價格仍有歧見，史托福不願降價出售，就對李志村說是否要現場打電話給Y.C. Wang溝通。李志村聞言，直接拿出王永慶已經簽好名的一張空白支票，回應史托福的談判代表：「不需要，Y.C. Wang充分授權給我決定。這個價錢你不要，我馬上就要回台灣了。」對方再次確認李志村是否可代表Y.C. Wang拍板？如果可以，他們將馬上召開董事會，核准此交易案；

還狐疑為何李志村不必召開董事會。李志村斬釘截鐵地回覆對方：「我不必開，因為我已經獲得董事會的授權。」想起這一幕，李志村笑說：「對方嚇了一跳，想說怎麼會有這種公司。」

隨著美國投資的豐收，台塑集團事業體成功地從台灣跨足到美洲市場，營收也隨著事業體不斷擴大而數倍成長。到了一九八三年，集團海內外營收高達八百二十億元，布局海外不過短短十年光景，台塑集團的營收就翻了四．五倍。一九八五年七月，美國《富比士》（*Forbes*）雜誌以王永慶為封面人物，撰文介紹台塑集團在美國的成就，Y.C. Wang的名號響遍全美。

一九八九年，經美國德州政府積極招攬，台塑集團啟動投資金額高達三十億元的石化園區，投資項目包括年產六十八萬公噸的乙烯廠、二十四萬公噸ＶＣＭ廠，以及三十六萬公噸的ＰＶＣ廠；並成立台塑美洲、南亞美洲以及台化美洲公司等三家公司，全力推動德州計畫。

一九九四年德州廠投產時，台塑集團成了德州人家喻戶曉的台灣公司，甚至訂每年五月十九日為「王永慶日」（Y.C. Wang Day）。

一九九四年美國德州廠豐收，但台灣六輕工程才剛獲准全面動工。受限於龐大的財務壓力，高齡七十二歲的王永在四年內南下麥寮百餘次，主持兩百二十五次六輕工程會，讓六輕順利在一九九八年如期投產。六輕投產，台塑集團才真正聞名全球石化業。

勤勞樸實　王家兄弟搭經濟艙飛全球

一九七三年至一九八三年短短十年間，台塑集團生產重鎮從台灣跨到美國，遍及德拉瓦州、路易斯安那州及德州，集團營收規模從一百五十一億元數倍成長至八百二十億元，躍居為全台第一大集團。

儘管貴為全台首富，但王永慶與王永在出國視察，搭的卻是經濟艙。王永慶認為，只要搭同一班飛機就會在同一個時間抵達，坐頭等艙也不會比較早到達目的地。就算要貴，也要「合理」，頭等艙貴了好幾倍根本離譜，會搭頭等艙的人沒有成本觀念。因此王永慶拒絕搭乘頭等艙或商務艙。也因為老闆以身作則，台塑集團所有主管，出國一律搭乘經濟艙。

不論是視察波多黎各廠建廠進度或是到薩爾瓦多、巴西考察投資機會，或是總經理王永在率領台塑集團主管一同飛到德國或義大利看塑膠展或紡織機械展，台塑集團的員工只要出國搭飛機，不分位階高低、不論老幼，全都是擠在經濟艙十幾個小時，而且是利用週末假日風塵僕僕抵達後，就馬上去看展覽或開會，無一例外。不論老幼一律如此，最經典的案例就是連當時高齡八十六歲的「阿嬤」，王永慶的母親王詹樣女士跟著王永慶出訪巴西，竟也跟所有人一樣搭乘經濟艙，謂為「奇談」。

難道阿嬤不會抱怨為何不搭乘頭等艙或商務艙嗎？一名王家親友笑說：「阿嬤年輕的時候家境貧困，從來都沒有搭過飛機。開始搭飛機之後，就只搭過經濟艙，根本就不知道還有其他艙等可以選，怎麼會抱怨？至於董座跟總座，他們根本就沒有看過頭等艙或商務艙長什麼樣子，也不知道原來頭等艙是可以躺下來睡覺的，純粹覺得貴到離譜，所以拒搭。」

有一次，王永慶搭乘機飛往美國，排隊登機時巧遇當時的國泰塑膠董事長蔡辰洲。結果進入機艙時，蔡辰洲發現王永慶竟然往經濟艙的方向走，而他買的卻是頭等艙的座位。抵達美國時，蔡辰洲就跟同行的台塑主管說：「我這一趟搭得很不安穩，頭等艙應該是你們王董這種大老闆才應該搭的。結果王董坐經濟艙，我卻坐頭等艙，感覺很不好意思。」

「經濟艙條款」就這樣實施了好久，直到華航開始直飛紐約。有一次，王永慶與三夫人李寶珠到美國，結果被升等到頭等艙，本來以為是因為check in晚了，運氣好被升等；沒想到第二次又被升等。詢問空服員，王永慶這才知道是華航老闆得知「王永慶搭經濟艙」後相當吃驚，立即交代服務人員，王永慶搭機時立即升等，免費招待。之後為了避免「揩華航油」，又發現頭等艙可以躺下來睡覺好好休息，王永慶終於「解禁」，允許長途旅行出差者搭乘商務艙。

與王永慶、王永在共事五十多年的李志村說：「他們不斷追求事業發展不是為了財富。他們不用奢侈品，家裡幾乎沒有進口貨，就是enjoy（享受）工作、喜歡工作，總座也是這樣。尤其總座只要採購殺價成功，能以合理的價格買到設備就會很開心。不景氣的時候，造船廠都會拜託他下單造船，價錢都隨總座開，總座也樂於幫忙，撿到便宜就會很開心。」

王永慶、王永在兩兄弟的「勤勞樸實」，不僅讓蔡辰洲汗顏，就連艾克森美孚都嘆為觀止。一九八〇年代，隨著台塑在美國投資越來越多，向艾克森美孚買的乙烯量也暴增；於是艾克森美孚的經營層要宴請王永慶吃飯。王永慶在美國沒有座車，上下班都是搭台塑美國主管們的便車。當時主管們最新的一輛車，是後面可載貨的 Wagon；而且因為有次到機場接機時，三夫人李寶珠帶的醬油打破了，車內有股怎麼洗都洗不掉的醬油味。因此，台塑美國主管廖武男建議王永慶，要赴艾克森美孚經營層的晚餐約會，是不是該租一輛比較好的車子比較慎重。

王永慶一聽馬上回絕：「原本那台（Wagon）就好，何必浪費錢租車？不要，就開那台去。」結果董事長就坐著那部 Wagon，到艾克森美孚宴客的餐廳。艾克森美孚接待人員一開始還想，哪來一輛貨車堵在門口？定眼一瞧，發現下車的人好像是今天的貴客 Y.C. Wang，一臉吃驚看著一旁的台塑主管。台塑主管點頭示意，艾克森美孚員工趕緊趨前招呼。

除了不用奢侈品，王永慶、王永在兄弟也不太喜歡投機炒作的投資。早年大肆購買林口土地，除了部分捐贈給政府、部分作為華亞科學園區、三所學校以及長庚醫院的用地外，土地迄今仍然持有；就連兩位創辦人長眠的長永紀念福園的土地，也是台塑集團早年就取得的。王永慶不僅自己不炒作，甚至還會出手阻止台塑主管購買土地。

話說，一九八二年台塑以一千九百五十萬美元買下美國ＪＭ公司八座ＰＶＣ下游加工廠時，也在德州達拉斯機場五分鐘路途遠的地方買了一塊地。地主問台塑美國主管廖武男，要不要把旁邊一小塊地一起買了？但因為台塑當時不需要那麼多地，廖武男找了幾個人，想說乾脆私下集資，買下這一小塊地當作投資。但擔心董事長王永慶知道後不高興，因此跟王永慶三夫人李寶珠談及此事。

李寶珠聞訊後也樂於參加，便要大家把錢籌集後匯給她，不足的部分由她墊。最終李寶珠還是把這件事告訴王永慶了，王永慶竟然將主管們的這筆錢「沒收」，然後分給他們ＪＭ公司的股票，告訴他們「不要炒土地，轉來投資ＪＭ公司比較好」。台塑員工就這樣成了股東，後來ＪＭ公司大好，台塑主管們也都賺了一筆。

像哥哥一樣，王永在也同樣不喜歡投機炒作。每年配得的股利，就是不斷加碼台塑集團自家股票，就連明水路的豪宅也是「天外飛來的一筆」。二十多年前，一名紡織業者因積欠台化一億多元的化纖原料無力償還，因此將一筆近千坪「鄰近」基隆河的土地抵押給台化。後來台塑集團員工到現場鑑價時卻發現，該筆土地竟有三分之一「正處」基隆河裡，就是站在岸邊還看不見土地，無法鑑價。

王永在得知後，不願台化因持有這筆「無法鑑價」的河川地，必須認列一億多元的虧損；決定自掏腰包幫債務人清還貸款，然後取得這筆「河床地」。沒想到，一九九三年台北市政府完成基隆河截彎取直工程，不值錢的「河床地」就浮出來了；而經過新生地徵收配地，王永在恰巧又抽中現在豪宅位處的好地段，持有面積五百五十坪。就這樣，他請總管理處營建部的同仁在這塊空地蓋起透天厝，成為現今二房周由美家族的住宅。

儘管自己很節儉，但王永在對人很大方。早年身為淡水球場會長時，一些不符合VIP資格的官員來打球，王永在總是自掏腰包買單。一九七四年長庚球場正式對外開放時，王永在呼朋引伴到球場打球，也自己作東，請早球班的球友吃早餐。有球友不好意思長期讓王永在請客，希望自己付錢，卻被王永在嚴詞拒絕。

王永在認為，開門做生意的，哪有怕人吃的道理？況且球場就是要熱鬧，越多人越旺；早餐一頓才多少錢，又是自己的球場，因此堅持不收錢。對於自己認識的政商界人士，都以VIP會員招待，每個月一萬人次中，約有一千五百人次是VIP會員，估計每月營收約少一百五十萬；一年下來，短收金額高達一千八百萬元。但王永在卻認為「小失才能大得」，很多時候看起來是少賺了，但實際上很多困難就在無形之間化解了。像早年台化在宜蘭設廠時，與當時的縣長游錫堃意見不同，最後也是透過林昭文居中協調化解。六輕推動時，也因為王永在透過一場場球敘，與前行政院長郝柏村及前總統李登輝將歧見溝通清楚，才得以順利推動。

晚年，王永在在球場有一班「早球隊」球友，包括金車董事長李添財、友愛集團創辦人林昭文、穩好高分子董事長彭漢雲、監委李伸一等人。後來，球友們也自動研發「對賭」遊戲，就是每個週末來一場球賽，輸的人就要在下一週的週末擺桌宴客，請早球隊球友吃飯，藉此負擔部分餐費。每次席開三、四桌，彼此說笑逗趣，宛如一個大家庭。而總座王永在，就是這個大家庭的一家之主。

但隨著王永在的阿茲海默症病情惡化，他已無法再到球場打球。慢慢的，早球隊的每週一聚餐也取消了。「長庚球場家庭日」，最終隨著王永在的辭世，走入歷史。

第5章

王者崛起——72歲高齡，王永在一手建造六輕

東北季風一來，一張嘴全部都是砂。那個砂，真的很難受，整張臉都遮起來，口袋那邊也都還有砂。那時實在很困難，但是困難也是要做，為了成功，不做不行。

——王永在

二〇〇五年五月，中國國務院發展中心資深研究員吳敬璉等學者，受邀來台參訪。行經麥寮六輕，對於台塑集團可以在四年內填海造地兩千兩百二十五公頃，並讓六輕如期投產、於二〇〇四年創造七千兩百億產值，讚嘆不已。其中一名學者問起，有多少人在六輕工作？解說員回答：不到九千人。吳敬璉一聽，隨即說在中國這片土地起碼要有十萬民工幹活。吳敬璉以一句「了不起」來形容眼前的台灣奇蹟。

二〇〇六年初的六輕暮年會，當時台塑集團副董事長王永在，一如往年帶著台塑四寶高階主管出席。問他聽到在中國被尊稱為「敬老」的吳敬璉對六輕的盛讚時會不會很高興？王永在只笑了笑，指著站在身旁的副董事長王金樹與總經理李志村說：「都是他們做的。」

一九九二年，王永在已屆七十歲高齡。為何還願意跳到第一線堅持蓋六輕？當時，王永在定睛看著我說：「設備都已經買了，頭都洗了，不做行嗎？」對於是否曾擔心失敗、有沒有其他替代方案等問題，王永在都搖搖頭說：「既然說要做，就要做起來。做不起來就丟臉了呀，哪有時間擔心？就是一直想要怎麼做起來，其他沒有想什麼。」語畢又不改幽默地說：「我現在皮膚這麼好，都是蓋六輕的時候吹海風吹出來的。」隻字不提當年的辛苦。

事實上，台塑集團為了蓋六輕吃足了苦，從一九七二年第一次提出興建輕油裂解廠，到一九九二年確定落腳麥寮，足足等了二十年。

三輕變六輕，一拖二十年

早在一九七〇年代，中油興建二輕尚未投產時，台塑苦於原料不足、向歐、美、日等國進口又受價格波動衝擊，因此有意往上游整合、興建輕油裂解廠，並於一九七三年一月十日，與美國史丹佛研究院簽署輕油裂解廠可行性研究報告。當時，台塑董事長王永慶也邀集三十多家下游廠商集資兩百二十八億元，向政府申請由民營企業興建第三座輕油裂解廠。

當年仍是台塑工程師的現任董事長李志村回憶道，會找上史丹佛研究院，主要是因為牽引王永慶投資福懋塑膠公司的前工委會化工組組長嚴演存那時在史丹佛研究院工作；所以由台塑出資，委託嚴博士進行可行性評估。當初董事長王永慶的原則是，要蓋就要蓋可以跟國際大廠競爭的規模，不然枯等中油二輕完工後再興建三輕，無法解決台灣缺乙烯的問題。但未獲得當時的經濟部長孫運璿支持，主要關鍵即是中油反對：「那時的經濟部長孫運璿知道後很生氣，覺得這個獨占事業怎麼可以給台塑做。」而後孫運璿於一九八一年接受媒體採訪時證實，「堅持三輕公營，乃秉承蔣氏指示」。

李志村進一步說，那個年代，中油壟斷上游的石化原料，下游廠商有錢也不一定能拿到中油乙烯，還要磕頭的，「因為那時還有省籍問題，王永慶是台灣人拿不到，那時已創業的華夏海灣董事長趙廷箴就拿得到。」後來因為爆發第一次石油危機，國內外乙烯嚴重缺料，逼著中油拷貝台塑的可行性計畫繼續蓋三輕，以滿足下游需求。

依目前國內政經局勢，很難想像當時還在戒嚴的台灣。那時代黨國不分，政府嚴格管制私有資產，所有產業公會理事長都必須是國民黨黨員。在公會開會前一天，國民黨先召開預備會，隔天公會理事長才會再召開會議。雖然台塑是國內最早、規模也最大的ＰＶＣ廠，但石化公會第一屆理事長卻由大德昌（國喬前身）公司董事長張伯英出任。外傳，就是因為張伯英與當時的行政院長蔣經國及財政部長李國鼎交情匪淺所致。

由於張伯英是寧波人，國語說得不好、英文也不懂，大德昌的規模更無法跟其他石化業者相比；但政府卻可以欽點這樣一個小公司的董事長出任石化公會理事長。據說這黨國不分的情況，就連華夏海灣董事長趙廷箴都看不下去。他私下告訴王永慶，不要去參加石化公會會議。直到後來國際石化會議陸續召開，由於台塑集團當時已開始海外布局、享譽國際，因此台塑在石化公會扮演的角色才日益吃重。

台塑第一次提出輕油裂解廠投資計畫遭拒不久後，就發生第一次石油危機。而王永慶第二次提出計畫，則是在國際原油行情高漲的一九七九年第二次石油危機時。王永慶特別拜會當時的行政院長孫運璿尋求支持，孫運璿也當場口頭允諾，盡可能依照所請辦理；然而，阻力卻來自更上層的總統府。總統蔣經國憂心私有資本不斷擴張，政府的權力恐將被大企業控制，因此再度拒絕台塑的申請。直到一九八六年，台塑第三度提出申請，才獲經濟部核准。

王永慶當時邀集台聚、福聚等業者一起投資，提出三百六十九億元的六輕投資計畫，規劃興建十幾座石化廠。但經濟部核准的條件是，六輕所生產的其他油品，如汽油、柴油等，要交給中油販賣。台聚等業者評估後認為如此幾乎無利可圖，因此退出六輕投資計畫，才會形成由台塑企業獨資的局面。而後有了公平交易法，才准許六輕生產的汽、柴油副產品不必交由中油收購，可自行銷售。

儘管一九八六年經濟部已核准六輕投資計畫，但台塑青睞的投資地點宜蘭利澤工業區，遭當地居民強烈反彈，甚至展開近五年的抗爭行動。因此後來把地點換成桃園觀音鄉，卻也同樣受阻。六輕投資計畫因此延宕至一九九一年，但六輕部分生產設備早在一九八六年就已經訂購，六輕機械設備早已塞滿台塑集團各廠區，如大型壓縮機都已經運抵新港廠。

為何連設廠地點都還沒確定，就已經在採購機械設備？台塑董事長李志村說：「就是性子急，董事長個性非常急。」李志村說，有一些設備還是因為他和當時的台塑協理王金樹「技術性擋下來」才沒買，「要不然那時連德國的燒鹼工廠設備都差點買下去了。董座一直念我們這麼會摸，要我們快點跟人家簽約；但那時候就是地點還沒確定，而且那設備是鈦金屬做的，（價格）會波動。如果跟人家簽約，就要拿錢買鈦材料讓他們做成設備，要很多錢；我們就怕如果喬不好，風險很大。所以當時我跟王桑（王金樹）先說好，故意先不要簽約，因為真的沒把握，董事長要罵就讓他罵。」

設備都採購好了，台塑集團的六輕投資計畫勢在必行，這也是為什麼王永在會以「頭都洗了，不做行嗎？」來形容。而在經歷宜蘭利澤與桃園觀音的抗爭事件後，王永慶轉而加快海外布局的腳步，除了在美國德州興建輕油裂解廠，更興起前往中國投資的念頭。一九八九年至一九九一年，王永慶因海滄案曝光引起台灣黨政高層震怒，避居美國；台塑集團台灣事務，全權由王永在處理。王永在逐漸展現獨當一面的自信。一九九一年八月，台塑集團正式宣布六輕落腳雲林麥寮——當時王永慶不在台灣。

海滄夢碎、六輕拍板

一九八九年十一月三十日，董座王永慶親赴中國考察投資機會。十二月五日，中華人民共和國最高領導鄧小平，在人民大會堂接見王永慶，並允諾協助台塑投資，此稱「九〇一工程」，也就是後來的「海滄計畫」。一九九〇年一月十一日，王永慶二度前往中國，竟在香港機場轉機時遇到台灣媒體。消息曝光，台灣政壇震盪、府院高層震怒，王永慶避居美國近兩年。那兩年，全由總座王永在當家作主。也是從那時開始，王永在展現了「王者」的才能。

當時，外界把「海滄計畫」解讀為台塑因六輕投資受阻、出走中國，導致政府高層對台塑集團很不諒解。王永在因長年打高爾夫球的關係，原本就與當時的總統李登輝認識；而李登輝的終身摯友何既明醫師，也因曾任淡水球場會長，與王永在熟識。因此，王永在請託何既明引薦，在何既明的陪同下，到李登輝位於鴻禧山莊的官邸「請罪」；並邀約李登輝一同到長庚球場打球，不斷強調台塑集團投資台灣的決心，才化解李登輝與阿兄王永慶之間的心結，也讓政府協助台塑集團興建六輕的態度轉趨積極。

在李登輝掌權的時代，何既明醫師是總統官邸上下無人不知的貴客，因為他與李登輝已有一甲子的交情。二次世界大戰日本宣布投降後，同樣在日本留學的何既明與李登輝搭同艘船返回台灣。該艘船抵達台灣時爆發法定傳染病，因此限制停泊於基隆港，人員均不可下船。船上物資不足，採取配給；而何既明因為醫師身分，可以獲得較多糧食。當時，何既明看到身材魁武的李登輝仍安安穩穩在甲板上看書，完全不受外界影響，因此主動幫李登輝留了糧食，並向李登輝攀談；數十年情誼因此展開。

日本女作家上坂冬子在《虎口的總統——李登輝與曾文惠》一書中提及，李登輝於二二八事件爆發時，曾躲在何既明家中的碾米廠；而何既明也透露，二二八事件過後，李登輝與他還有其他三位朋友，曾經開過舊書店，單純想對台灣文化有所貢獻。但這五人之後的際遇，卻大不相同。一人成為台大教授，但因病而死；其他兩人在戒嚴令下遭逮捕並且被槍決；李登輝成了首位台籍總統、民選總統，何既明則是他一生最親近的好友。李登輝喪子時，何既明端著一杯酒，陪著李登輝無言對坐到天明；在「國安密帳」爆發時，第一個到翠山莊慰問的，也是何既明。

是這般生死之交，讓李登輝願意看在何既明的面子上，擱下對王永慶的不滿，支持六輕落腳雲林的計畫。一九九〇年六月，王永慶三度率團訪問北京，並針對「海滄計畫」向北京政府提出十一項要求；同時間，行政院政務委員郝柏村被任命為行政院長。年底，當中國政府還在評估王永慶提出十一條要求時，行政院長郝柏村已在會議上公開表示六輕一定要建。台灣政府表態力挺六輕，頓時間，也讓海滄計畫充滿變數。

一九九一年，經濟部長蕭萬長打電話給當時在台灣當家作主的總經理王永在，相約在台北來來飯店的桃山日本料理。王永在一到場，就看到雲林縣長廖泉裕，廖泉裕當場告訴他：「麥寮有一塊土地，大約五百公頃，已經開發好了。給台塑蓋輕油裂解廠剛剛好。」

兩、三天後，王永在去了麥寮考察。到了縣長廖泉裕所說的地點，下車一看，哪有土地？根本是一片大海啊。王永在問同行的廖泉裕說：

「土地在哪裡？」廖泉裕指著滿潮的大海說：「就這裡呀！」王永在這才發現，一片大海之中有許多石頭浮出，原來是養殖的魚塭。

二〇一四年十二月十四日，王文淵在父親王永在的告別式上，追悼此次隨父親到麥寮勘查建廠用地的情景。王文淵憶起那風頭水尾的惡劣環境，以及父親當時只見一片大海「心涼了半截」的表情，忍不住哽咽落淚。

勘查廠址用地之後，王永在打電話給避居美國的阿兄王永慶，報告所見情形。王永慶只簡單地說：「我在這裡什麼都看不到，你就自己決定吧！」阿兄全權授權；然而六輕所需投資金額高達數千億，稍有不慎，就會動搖台塑集團的根基。但建廠用地已從宜蘭、桃園到雲林麥寮，延宕五年；斥資兩、三百億元預訂的六輕設備，早已堆滿台塑集團各廠區，人員也大舉招募進來了。蓋不蓋六輕，王永在舉步維艱、進退兩難。

父親的憂慮，王文淵都看在眼裡。他說，當時父親王永在已經七十歲了，連續幾晚都為六輕無法入睡、輾轉難眠。最後考慮到「不蓋六輕，台塑集團的未來就沒有著落」，只能咬著牙拍板定案，六輕落腳麥寮。

對於填海造陸，王永慶起先質疑：「填海的陸地可以蓋工廠嗎？」後來王金樹與李志村向日本石化廠調閱資料，發現日本採填海造陸建廠的石化廠，總計十一座；其中有十座在瀨戶內海及海灣，另有一座設於鹿島，地理位置跟六輕一樣面對太平洋。王、李兩人認為，比起日本，六輕地理位置靠近濁水溪，河床底是沙礫地、不是泥地，透過打樁跟砂礫的摩擦可防止陸地移動；在此填海造陸建廠，應該可行。

拍板後，總座又多次到麥寮視察，第一次陪二舅王永在去麥寮的廖君哲說，去到那邊才知道什麼叫「風頭水尾」，海風吹得人根本站不穩、眼睛被風吹到根本張不開；想要說話，一開口就滿嘴風砂。沒幾分鐘後回頭再看，二舅整台賓士車的車窗都被風砂遮住了。「那海砂的鹹味，我到現在都還記得。總座看了很高興，說這邊好、這邊好，很寬廣，沒有鄰居，與海為鄰比較舒服，可以填海造陸蓋六輕。我心想，神經病才在這邊填海，幾千億丟在這裡不倒才怪。但總座看了很高興。」

廖君哲憂心舅舅打拼了一輩子的江山，會因為六輕投資計畫垮台；因此還特別提醒二舅王永在說，這邊風砂那麼大怎麼蓋廠，要不要再去找其他地方投資？結果王永在對當時已經五十多歲的廖君哲說：「你小孩子不懂啦！」事實上，那時的情況就如王文淵所感嘆：「其實當時我們根本沒有選擇。」

一九九一年八月，台塑集團正式對外宣布將在雲林麥寮興建六輕。一九八五年時，規劃只興建一套輕油裂解廠，總投資金額約三百六十九億元。但因廠址問題，導致六輕計畫延宕多年。在這段期間，韓國搶先興建輕油裂解廠，並與日本競搶中東的輕油合約，使得亞洲的輕油價格飆漲。於是，主導六輕計畫的台塑協理王金樹與經理李志村建議，必須再向上游整合投資興建煉油廠，並規劃兩座輕油裂解廠以及下游十餘座工廠；總投資金額翻漲數倍至兩千億元，而當時台塑集團全年營收不到一千七百億元。

從最早於一九七三年與史丹佛研究院簽訂協議，委由嚴演存博士提出輕油裂解廠可行性評估報告；到一九九二年六輕確定落腳麥寮，台塑足足等了二十年。李志村感慨地說：「很多人常常批評台塑獲得政府多少幫忙，但事實上為了六輕，我們等了二十年。若不是兩位創辦人的毅力，六輕不可能做的起來。」

一開始即與王金樹負責推動六輕計畫的李志村笑說，當時想到麥寮那邊風砂那麼大，設備會不會經常故障就很憂心，還問王桑（王金樹）：「以後常故障會不會被殺頭？」王桑則安慰他，六輕跟鹿島情況很像，鹿島可以，六輕應該也沒問題。

一九九一年十月十日，王永慶終於回到闊別近兩年的台灣，並在一天內接連拜會總統李登輝、行政院長郝柏村與經濟部長蕭萬長，引起媒體高度矚目。對於媒體詢問海滄計畫是否繼續推動時，王永慶認為，現在到中國投資是正確的，但海滄計畫是否實施，取決於政府的態度。「一些政治問題我不知道，也不能替政府講什麼話，就只好不做了。」實際上，王永慶自始至終都未放棄海滄計畫。

一九九二年十月，中國政府通知王永慶，先前提出的海滄計畫十一項要求已全數獲准。十一月五日，王永慶在北京會晤國務院副總理朱鎔基。原以為海滄計畫已萬事俱備、僅欠東風，沒想到王永慶又再度提出「海滄生產的產品，百分之百內銷」的新要求。對於王永慶外銷轉內銷的要求，朱鎔基深感不滿，甚至認為王永慶出爾反爾；但王永慶仍不放棄，提出各種生產計畫，說明產品內銷不僅可減少中國天然資源的耗損，更可節省外匯支出。

隔日十一月六日，中國再度同意王永慶的要求，並且在釣魚台國賓館舉行盛大宴會，招待王永慶一行人。中國一方也著手進行海滄計畫的合約。未料就在國賓館，王永慶接到一通電話轉告行政院長郝柏村的指示，一旦與中國簽約，將停止台塑集團股票交易、凍結台塑集團與銀行資金往來，以及限制台塑集團高層出境的「郝三條政策」。事已至此，王永慶被迫放棄中國投資、海滄夢碎。

對於海滄最終未能圓夢，王永慶多次感慨地說：「失之毫釐，差以千里。當時一步之差，海滄計畫未能推動實施，造成的差異極為可觀。」相較於王永慶主導的海滄計畫告吹，王永在一手拍板的六輕計畫正如火如荼進展。而六輕工程，更是王永慶與王永在兩大家族於台塑集團勢力消長的關鍵。

六輕能順利推動，台塑王家相當感念何既明的居中相助。不僅延攬何既明出任長庚醫院榮譽董事長，更讓何既明自一九九三年起出任長庚醫院董事長達十八年，直到何既明於二〇一一年辭世為止。何既明辭世時，李登輝因大腸癌入院開刀。家人擔心他悲慟過度、影響身體，而未立即告知；李登輝因此未能與老友告別。直到二〇一四年八月，高院宣判李登輝國安密帳案無罪後，李登輝才在臉書上表示：「終於可以告慰何既明、黃昭堂兩位故友在天之靈，沒有辜負他們當初的鼓勵，勇敢為台灣人承擔這一切。」

四年造陸兩千兩百二十五公頃　王永在寫下一頁傳奇

一九九三年，六輕進入具體規劃階段，包括建廠土地取得與開發、水源、融資利息、隔離水道與港區聯外道路等八大問題，都受限於當時的法規限制，必須要與政府不斷地溝通協商。同年三月二十一日，新上任一個多月的經濟部長江丙坤和經建會主委蕭萬長一同到台塑集團拜會王永慶，並承諾「任經濟部長期間，會全力協助台塑集團推動六輕。」

不久後，台塑集團成立「六輕計畫小組」來規劃廠區配置，小組召集人為主導六輕計畫二十年的王金樹，副召集人王永慶則欽點長子王文洋出任。由此可見，當初王永慶確實有意栽培王文洋接棒。

當時在台塑集團負責採購業務的王永慶外甥廖君哲表示：「說董座不疼王文洋是騙人的。六輕本來是要給王文洋管的，那時王文洋就叫我把一些採購的人調給他。當時王文洋已經是協理，王文淵還是經理，比王文淵高一級；籌備處就在現在大眾銀行的位置。」對於這段過往，李志村也說：「有一段時間，董座是真的想要訓練王文洋。坦白說，王文洋不能誤解董座，他應該也曉得。六輕要建設、要叫他主持，是他沒有辦法。」

董事長欽點王文洋出任副召集人，並請年輕一輩的專業經理人，例如已經離開台塑集團的前南亞經理謝嵩嶽、今南亞執行副總鄒明仁、今營建部資深副總林英傑等人協助王文洋。在六輕裡，台塑、南亞、台化以及台塑化四家公司，生產的東西全都不同，相關管線該如何配置也都是學問。原本很多零件的規格不同，但為了日後備料方便，也希望能統一規格。王文洋在這方面的經驗不足，導致許多事情懸而未決，延遲工程進度。

對此，李志村說：「畢竟他歷練不夠，他到美國德州廠只是跟人家一起，並沒有接觸具體的規劃。一下子要他主持六輕工程會，確實會豫而不決。總座發現這個問題會影響六輕推動進度，就說不行，他自己跳出來主持六輕工程會。」王永在親上火線，王文洋也就不再跟著南下麥寮，不再擔負推動六輕計畫的重責。一九九五年，爆發呂安妮事件，王文洋遭停權一年。此後，與台塑集團形同陌路。

一九九四年七月五日，台塑集團取得經濟部核發的「六輕及六輕擴大計畫土地使用同意書」，六輕全面動工。由於六輕許多設備早在一九八六年採購、迄今已閒置八年，再加上沉重的財務壓力，王永在因而訂定「六輕四年完工」的目標。問題是，該如何在四年內填海造陸兩千兩百二十五公頃，且順利讓二十多座工廠如期完工呢？套一句王永在自己的說法是：「實在地去做，不是用嘴巴做。」

王永在每週都召開六輕工程會，一週在台北、一週在麥寮。如果有必要就要南下麥寮處理，在會議中討論目前工程遇到的問題，並集中大家意見，以最迅速的方式去執行。解決不了問題，就再開會、再討論、再想新的解決方法，不斷突破困境。當時王永在已高齡七十二歲，他可以早上三點五十分起床、四點二十分出門搭三個半小時的車到麥寮，吃過早餐就立即召開工程會；當晚又馬上回台北。就這樣，四年主持工程會達兩百二十五次，一股「不能不成功」的意志力，感染了所有集團員工。南亞顧問吳欽仁就說：「總座不眠不休的努力讓我們感動，大家一起投入六輕工程，一起創造台灣石化界的奇蹟。」

位處「風頭水尾」的麥寮，六輕絕大部分的土地都在海平面下，必須填海造陸後才能建廠。惡劣的地理環境，讓六輕工程本就困難；再加上造陸、地質改良及建廠工程同時進行，是全世界前所未見。必須在四年內完工的時間壓力，讓六輕工程幾乎是不可能的任務。

沒有王永在的魄力跟果決，透過每週的工程會解決問題，六輕根本不可能如期完工。一名集團主管透露，六輕填海四年就花了八百億，一天就是五千萬；幾十億元的動力壓密設備採購案，不到三十分鐘就要拍板。「那是花錢如流水的年代，心臟不夠強的根本不敢下決定。總座可以不慌不亂一步步推動工程，很不容易。六輕，是總座帶著我們一起蓋的。」

回首這段艱辛的過往，李志村說，最困難的就是「我們完全是瞎子摸象，自行摸索出一條路。」當初，李志村與王金樹到日本鹿島三菱油化的石化廠視察。那地方稱為「國尾」，意即國家的尾巴，也有風砂大的問題。三菱蓋廠時，便以特殊訂製的三層鐵網作為擋風牆，來解決這個問題。因此兩人認為，麥寮的「風吹砂走」問題應該不大。未料，三菱鹿島廠的砂礫是大顆粒的粗砂，不易隨風吹散；但麥寮因為附近都是俗稱為「落屎石」的石頭，勁風一吹，砂礫就更為細碎、更容易塵土飛揚。忽視砂礫粗細的誤判，讓台塑集團為了六輕初期的擋風定砂工程吃盡苦頭。

不同於三菱鹿島石化廠的填海造陸是小面積，六輕填海面積廣達兩千兩百二十五公頃。為了跟時間賽跑，台塑不僅自行訂做兩艘一萬馬力的抽砂船，還以「逐廠進行」的方式，取代日本全面性抽砂填海完工後再一起蓋廠的模式。六輕第一個動工的，即是負責機械設備的「台朔重工」廠。先將台朔重工的土地抽砂、填海造陸，並於進行地質改良後馬上蓋廠；此時另一個廠區的土地立即進行抽砂、填海的工程。其他地方則仍是汪洋一片。也因為是以「逐廠進行」的方式來施工，若俯看六輕廠區，會發現是一格一格、整齊劃一的棋盤樣式。

然而，在施工第一步的抽砂填海，台塑集團就遇到三菱鹿島廠不曾遭遇的困難。當時，抽砂船抽出海砂後，會再回填海中造陸。但因麥寮的砂礫細小，等到一風乾，細砂竟隨風漫天飛舞；好不容易填好的砂，一乾就被吹散了。填好的陸地沒有達到一定高度，就無法進行接下來的地質改良工程。於是，台塑集團只好向日本三菱求援。但三菱因為鹿島砂礫粗，無此問題，同樣束手無策。台塑集團只能土法煉鋼，自行想辦法來「定砂」。

為了定砂，王永在召開數十次會議專門討論。有人提出跟煉鋼廠買煤灰添加在砂土中，類似水泥加煤灰可以強化黏著度的概念；也有人提出與其「定砂」不如「擋風」，拿整排塑膠管組成塑膠牆，企圖減緩風速；結果都是白忙一場。最後發現應該雙管齊下，在「擋風」方面，就採用三菱的方法，以特製的二十公尺高三層鐵絲網圍繞整個工地；網子的設計也有玄機，當風一吹過菱形格的鐵網時，鐵絲網的角度設計能讓風速減緩並阻擋砂礫飛揚。另一方面再「定砂」，也就是填完海後，於砂礫未乾之前就趕緊以碎石鋪壓在砂上。

只是為了解決擋風和定砂的問題，台塑集團花了一年多才摸索出一條活路。整個工程的填砂量約一億零九百一十五萬立方米，相當於可在基隆至高雄長達三百七十三公里長的高速公路上，填築八個車道寬之路面達三層樓高。打設基樁總長度約四百五十萬公尺以上。混凝土用量高達八百三十九萬立方米。

一九九五年一月十七日阪神大地震，關西一帶發生嚴重的土壤液化，一堆石化廠因廠區地層下陷，導致氣體外洩引燃大火，連續燒了好幾週。王永在得知後，立即分批派遣數百名主管到日本大阪考察，去研究該如何進行地質改良，以避免土壤液化。在六輕填海造陸、要進行地質改良的當下，因阪神大地震而讓台塑可以取經、記取經驗，王永在直呼「這是天公給我們照顧」。

率團赴日取經的李志村說，阪神大地震的震度達六．九級，導致地下水跑進土壤內，讓土壤內顆粒間的接觸壓力減小；當接觸壓力降為零時，土壤便由固體變成黏稠的流體。當時關西一些石化廠儲槽下方的土壤因為液化被掏空，使儲槽傾斜，導致管線破裂而起火。

而防止土壤液化的方法主要有兩種，一種是「動力壓密工法」，利用機械動力夯擊地面；此方法的好處是成本便宜，缺點則是在夯擊過程中會引起劇烈震動，附近若有住家就無法施工。另一個方法是振衝碎石樁（stone column），這是在土地尋找一處垂直打洞，再灌入石頭形成石樁。若發生大地震，地下水會由石樁處流出來，不會影響其他地面，可避免土壤液化發生。

經過評估後，王永在決定採納王金樹與李志村的建言，兩種方式都採用。附近沒有廠區的土地可採取「動力壓密工法」，透過機械動力讓二十公噸重的鐵鎚升高三十公尺後再夯擊地表；同時以衛星定位，記錄每一處夯擊幾下，規定必須夯擊二十下才能移位，而且二十四小時施工。當時是仰賴上萬名外勞，日以繼夜、如火如荼的進行，才讓工程如期完工。

部分廠區則採取「振衝碎石樁」法，以免重力夯擊影響工廠運轉。一台德國的夯擊設備要價數百萬美金，王永在一開完會馬上指示次子、台塑石化經理王文潮去買二十台。憶起父親的果決，王文潮說：「這就是他做事的態度，一旦確定方向，就果決處置，判斷力非常精準。」

對於父親的敏感度，王文淵深感佩服，他說：「我是讀化工的，後來又念工業工程；可是我爸爸沒有受過專業訓練、也沒有受過高等教育，卻可以看到阪神大地震就意識到土壤液化問題的嚴重性，真的很不容易。如果那時候沒有去日本考察，沒有再以『動力壓密工法』對六輕進行地質改良，六輕無法挺過台灣的九二一大地震，整個情況難以想像。」

王永在的告別式上，播放著他生前接受採訪的畫面。只見他揮舞著手、神情略帶驕傲地說：「九二一時，那邊（六輕）都沒有停，因為我那邊有發電廠。九二一大地震，只有六輕一點傷害都沒有，完完整整，完全沒有受到地震影響。所以基礎做的牢固也可以抗地震，否則九二一的時候會非常嚴重。」

長達四年的施工時間，王永在親自主持六輕工程會兩百二十五次，看著高齡七十二歲的總座在第一線帶頭往前衝，集團上下沒有人不全力以赴。而衝鋒陷陣的過程中總有疏漏，對於犯錯的同仁，王永在體恤待人的寬容更深得所有員工的心。

台塑集團一名不願具名的高階主管說，雖然總座脾氣一來罵人很兇，但宅心仁厚。六輕興建期間，麥寮營建部的一位主管因為晚間值班過於勞累，開車回家時不小心撞死了一名老婦人。雖然是這位老婦人穿越馬路時不走斑馬線，但該名主管還是依過失致死罪判賠一百八十萬元。車子本身已有保險一百二十萬元，不足的六十萬元就得由該名主管自行負責。「結果，有天總座找我過去，問說阿寶闖禍撞死人了？我說對，現在車子有保險一百二十萬，還有六十萬要自己賠。總座聽了就說：『他是為公事留那麼晚才出事，怎麼可以讓他自己出？』就叫小姐開了一張六十萬的支票，叫我拿給阿寶。」

沒多久，總座南下麥寮巡工地，那名主管向跟總座道謝，總座只說：「這是因公出事，公司本來就要負責。應該的，沒什麼。」總座還交代其他同仁接送該名主管上下班，怕他有心理障礙。後來，另一名員工也發生類似情形，天色灰暗，一名員工在廠區倒車沒看到後面的包商工人蹲著整理石頭，因此發生意外，判賠三百四十萬元。車子只有保險六十萬元，另外兩百八十萬元一樣由總座承擔。也是這般對犯錯下屬的寬容，讓六輕全體上下，無一不為總座賣命。

一同經歷過建廠時期「風吹沙走」的艱難，總座王永在對台塑集團的員工來說，不僅僅是高高在上的管理者，更是一同打拼吹海風、吃風砂的夥伴。那種同甘共苦的情感，深深烙印在參與六輕工程的所有台塑人心裡。這也是為什麼每年的六輕暮年會，無論有多忙，總座都會親自出席，跟所有大大小小的兄弟們喝一杯，說句「謝謝大家的努力」。

二〇〇六年一月十六日，王永在南下六輕參加暮年會。當時隨行採訪的我問道：「六輕施工期間，有沒有懷疑過，覺得做不起來？」只見他搖搖頭說：「沒有。擔心有什麼用？不做就不行呀！頭都洗了，不做怎麼辦？既然要做，就只能成功，做不起來就丟臉了。哪有時間擔心，就是一直想怎麼做才能做起來，其他什麼都沒想。」二〇一四年十二月十八日，也就是總座告別式後的第四天，我在台塑董事長李志村的辦公室問了同樣的問題。李志村搖搖頭，笑笑地對我說：「沒有，我們就一直衝，唯一擔心的就是矽的問題，但我們沒有懷疑過。就邊做邊克服問題，一直想怎麼解決問題，沒有時間擔心。」

「六輕必須成功」──這是王永在的信仰，因為台塑集團沒有失敗的籌碼。「六輕勢必成功」──因為沒有一個台塑人有過第二種想法，他們臣服在王永在的信仰中，成了王永在的跟隨者，跟著王永在一起寫下這頁傳奇。但這份榮耀，只專屬於王永慶。

衝撞法規　王永在身段柔軟、催生台塑條款

在整個六輕工程推動的過程中，施工問題，台塑集團可以自尋解決之道；但其他包括銀行聯貸融資利息、水源取得、水價計算、工業專用港土地產權等問題，則必須與政府溝通協商。當時都是由王永在親自率隊跑工業局，向工業局官員說明台塑集團遇到法規或環境窒礙難行的癥

結點，盼政府能協助排除困難。

以水源為例，早期李登輝總統便已規劃要興建集集攔河堰，以供農業所需；但因不敷成本效益，始終未能落實。等到六輕要興建時，台塑集團便向政府求援，希望能恢復集集攔河堰共同引水計畫。李登輝總統拍板定案，經雲林縣境濁水溪南岸輸水幹管供水給台塑六輕廠區，六輕的供水問題才得以解決。

而在資金方面，整個六輕一期投資金額逾兩千億元，一開始受限於國內法規限制，放貸金額不得多於各銀行淨值五％。但由於國內銀行規模過小，即使跟國內銀行都貸出「銀行淨值五％」的放款金額，累計的金額仍無法滿足六輕資金需求。台塑集團評估從海外貸款來支應六輕資金，但由海外貸款匯回台灣，得面臨政府課稅的問題。如此一來，借貸成本過高，不堪負荷。台塑集團向政府說明，在台灣銀行業規模過小、未國際化的情況下，六輕資金問題無法獲得解決。經協商後，政府同意六輕名列「國家重大計畫」，銀行核放貸款金額可不受淨值五%上限的限制。但政府鬆綁的舉動，也被冠上「台塑條款」的標籤。最終，以交通銀行為首的國內四十多家銀行聯貸六輕一千四百億元，是台灣銀行界有史以來最大的一筆民間貸款。

除了聯貸金額創下全台第一外，六輕也成功突破法令限制，爭取興建碼頭。按當時的法規，碼頭只能由公家機關、國營機構或農漁牧業者興建，一般民營企業不能興建碼頭。但現實中，不會有農漁牧業需要投資蓋碼頭，反而是運煤、運油用的工業港需求較大。最後台塑集團帶著官員到日本考察，證明多數國家的碼頭都可以由私人興建、擁有，台灣現行法規過於落後，應鬆綁法規才能與世界接軌；終於爭取到自建碼頭。

從資金需求、碼頭興建，台塑集團不斷衝撞現行法規，更多的「台塑條款」浮出檯面。對於外界抨擊政府獨厚六輕，台塑董事長李志村無法苟同。他認為，就是台灣長期以來的保護政策，不對外開放競爭、不與世界接軌，使得許多法令過於閉塞無法與時俱進，「以前從未有這麼龐大的投資計畫，所以沒發現這些問題。台塑蓋六輕，才凸顯出政府政策跟法規都綁手綁腳，是台塑衝撞法規走出了這條路。以後所有企業都可以適用，怎麼成了獨厚台塑呢？」

六輕工程的艱難，在於惡劣的地理環境；六輕突破法規的困難，則是詭譎多變的政治環境。如何讓執政黨支持你，同時又讓在野黨不反對你，此間分寸的拿捏，有如行走於高空鋼索，一不小心就摔個粉身碎骨。而穿梭在兩黨間、遊走在鋼索上的，正是身段柔軟、處事圓融的王永在。每一條「台塑條款」背後，都有王永在的身影。

一九九〇年初，王永慶赴中國考察海滄計畫曝光，得罪台灣府院高層。王永慶避居美國近兩年期間，王永在當家作主，除了主動向總統李登輝負荊請罪之外，也透過一場場長庚球敘來化解政府對台塑集團的不滿，進一步轉而力挺六輕計畫。一九九〇年六月，由國防部長郝柏村出任行政院長。當年年底，郝柏村即在行政院會議宣示「六輕一定要做」。而王永在與郝柏村除了是長年球友外，還有一段淵源。

一九八三年，王永在次子王文潮留學歸國，正式回到台塑集團內工作；他一開始就跟隨父親王永在處理淡水球場事宜，並負責長庚球場的規劃。由於王永在是「辛酉會」成員，一些出生於辛酉年、生肖屬雞的政商名流皆為會員；王文潮跟隨父親出席辛酉會聚會時，認識了辛酉會成員、警備總司令部總司令陳守山的女兒陳安靜，兩人相識相戀結為連理，王家與陳家就成了親家；而陳守山與郝柏村同屬軍方背景，讓郝柏村對台塑集團更為熟悉。

郝柏村的果斷，讓王永在相當佩服；王永在親力親為、處事圓融，也讓郝柏村印象深刻。兩人同樣愛好打球，交情也屢屢在果嶺上揮桿中增溫。兩人私交甚篤，包括土地取得跟工業局的溝通，郝柏村都居中幫忙，讓王永在相當感念。晚年，王永在因阿茲海默症必須長期在醫院休養，郝柏村心裡仍惦記著這位好友。二〇一四年夏天，九十多歲的郝柏村還想到長庚醫院探視總座，但總座身體狀況已不適合見客。兩個加起來將近兩百歲的老友，沒機會見上最後一面。

從早年在淡水球場出任會長到後來的長庚球場，數十年來，王永在默默耕耘政商界的人脈。到了一九九〇年代六輕落腳麥寮、全面動工時，上至總統李登輝與前後三任行政院長俞國華、郝柏村、連戰，都是球場的VIP會員；另有監察院長陳履安、前財政部長陸潤康等部會、局處首長，也都常來長庚球場揮桿，與王永在交情匪淺。王永在甚至被推舉為「總統盃高爾夫球俱樂部」會長。

許多問題在官場上投訴無門，在球場上都可以獲得良好溝通。透過一場場球敘，王永在讓政府清楚六輕的困難在哪，高層也允諾可以提供何種協助。水資源、資金聯貸等操之不在台塑的問題，也在揮桿之際，一獲得政府協助。

一名王家親友說，總座經營政商人脈是不著痕跡的。他就像朋友一樣招呼你，偶爾請你打打球。幾十年下來，他也與這些高層有了一定的交情。在官場上，一個是政府官員，一個是大企業家；但在球場上，大家都是球友，有什麼問題都可以好好溝通。「總座說過，球場就是給人打球的，如果今天公務人員來打球，他身體健康可以更賣力為百姓做事，這樣也是好事。來打球的人，大家都是朋友；有人有什麼不懂的法規，也可以在這邊請教一下專業的，把不懂的地方釐清、把該補足的手續辦好，讓事情可以順利推動。如果官方跟企業把門關起來，沒有管道交流，事情又怎麼會通呢？」

一九九五年八月初，當時的總統李登輝、行政院長連戰以及省長宋楚瑜三大巨頭在長庚球場打球。之後與一干球友聚餐，「登輝盃高爾夫球俱樂部」的會員們支持李登輝參與隔年的台灣第一屆民選總統選舉。

不久，李登輝正式宣布出馬角逐連任，王永在與一批工商界人士即刊登廣告連署支持。由於王永在是該俱樂部會長，因此掛名第一位，清楚表達自己的政治立場。

一九九七年，中華民國高爾夫球協會（中華高協）要尋找新任理事長時，第五屆理事長陳重光三度請王永在接掌；但王永在以六輕正在推動、工務繁忙為由婉拒。最後是李登輝總統一句「王先生接任最理想」，讓王永在接下重擔。由於當時環保人士對高爾夫球場林立多所抨擊，高球運動漸蒙陰影。為了全面提升高球運動的形象，王永在請託掌管長庚球場十多年的經理簡龍國出任高球協會秘書長，並對簡龍國建議「應該多舉辦國際賽事及慈善盃高球賽，藉此提振台灣高球知名度並改善形象」；王永在全力支持，預算無上限。

一九九七年底，中華高協在長庚球場舉辦「中宏高爾夫球慈善賽」，捐贈三十萬元救助宏都拉斯貧苦兒童，宏國副總統羅培士專程來台致謝；中華高協也自行斥資一千五百萬元，舉辦第三十三屆中華民國公開賽栽培青年選手。隔年中華高協分別於新豐、台鳳、台中國際、永安、長庚五球場舉辦「公益慈善賽」，吸引四千多人報名參加，餘額捐贈慈善團體及高爾夫球發展基金。而愛好高爾夫球的總統李登輝也常參與球敘，同時對參與國際競賽凱旋歸國的青年選手們慶功。

之後，中華高協更與國際管理集團簽約合作，舉辦今後四年台灣國際賽事。一九九九年，總統盃公益慈善邀請賽的決賽在長庚球場召開，並由總統李登輝親自主持頒獎。從接掌中華高協理事長以來，王永在出錢出力舉辦各種高球活動。於公，王永在響應政府政策，栽培青年選手；於私，王永在力挺「球友」李登輝的高球外交政策。國內高爾夫球運動發展到巔峰，王永在與黨政高層的關係也達到前所未有的融合，六輕問題迎刃而解。

台塑集團總管理處總經理楊兆麟曾說過一句話：「針對中國投資布

局，董座（王永慶）說的都是對的。如果有得罪政府的地方，那是我們要去處理；但董事長絕對不會錯。」王永慶不會錯，所以海滄計畫引起府院高層震怒，是王永在去鴻禧山莊跟李登輝道歉；王永慶不會錯，所以多次振筆疾書，向政府喊話開放中國投資的萬言書引起政府跳腳，是王永在透過一場場球敘、一場場慈善球賽來化解不滿。長庚球場既是球場，也是台塑與政府非官方交流的管道，更是王永在的舞台。

王永在辭世後，家人特別在王永在四十多年來天天報到的長庚球場設置靈堂，一來方便所有球友可以隨時來看看老朋友，二來也凸顯出長庚球場在王永在心中的地位——在長庚球場這塊領土，王永在可以自在地享受光環，不必屈居為孤隱的王者。

李志村（左）與王金樹的生日只差一天
圖為兩人於2009年7月8日一同慶生留下的珍貴畫面

王金樹與李志村共事逾半世紀，週末還會一起開車到球場打球。兩人相處時間比另一半還久，情同手足。無私的王金樹更自願放棄接掌台塑董事長的機會，力薦李志村，讓較年輕的李志村可以輔佐二代接棒。

第6章

早年王永在以阿兄唯命是從，晚年王永慶退讓王永在

他在罵，聽聽轉頭走就好。他是阿兄，就是要聽他的、就是要尊敬他，做人要有禮貌，要懂得尊敬兄長。

——王永在

很難想像，當了八十多年的兄弟可以不吵架。在二〇〇五年上班的最後一天，我在當時台塑集團副董事長王永在的二樓辦公室裡，問了他這個問題：「您們兄弟倆這輩子都沒吵過架嗎？」他說：「對呀，我們很好都沒有吵過架。」我狐疑地問他：「怎麼可能八十多年來都沒吵架？」他笑笑地透露祕訣：「啊，他在罵，聽聽轉頭走就好。他是阿兄，就是要聽他的、就是要尊敬他，做人要有禮貌、要懂得尊敬兄長。」

早年有「雷公在」的封號，王永在並非性格溫和、沒有聲音的人；

但他在七十歲以前的人生，一切以阿兄王永慶的意見為意見。阿兄一聲令下，王永在立刻退出羅東信興製材行，將所有資金注入經營陷入困境的台塑；台塑高雄廠需要人管，王永在四天內帶著一家人從宜蘭經台北，再南下高雄駐廠五年；台化彰化廠員工內鬥，王永在獨自前往整頓，一待就是兩年多。

同樣是創辦人，王永慶跟當時的總經理趙廷箴鎮守台北跟政商名流打交道，王永在僅以「經理」頭銜輪調各廠區管廠，當了十年「工頭」；直到趙廷箴出走創業才調回台北。儘管兩兄弟在採購案上有不同想法，王永在私下會嘀咕阿兄「大頭症」，但始終未惡言相向，採購案仍是阿兄王永慶做主。即便是後來加緊海外布局，王永在美國、巴西四處看投資地點，也從未對阿兄說聲「不」。長兄如父，是王永在對王永慶絕對服從的關鍵。眼見王永慶十六歲就在嘉義開米店承擔家計、養活一家人，王永在對阿兄既尊敬又敬佩；再加上三哥王永成英年早逝，痛失手足的遺憾讓王永在更珍惜與阿兄的兄弟情。

同樣的，王永慶雖然律人律己甚嚴，但在財產處置上從未有私心；台塑集團的股權，兩兄弟一定對等均分。早年他知道王永在喜歡開好車，還特別買一輛賓士讓王永在從高雄馳騁到嘉義；晚年則買了道奇廂型車，一次就買兩輛，王永慶的車號是「0001」、王永在是「0002」，兩輛車就毗鄰停放在台塑大樓中庭停車場，駐守著兩人胼手胝足打造出來的王國。

王永慶脾氣剛硬　外人前痛斥七十多歲王永在

兩人兄弟情深，但王永慶從來就不是和顏悅色的阿兄。遇到事情，他只問對錯、擇善固執，只要他認為對的事，管你是行政院長、甚至是總統李登輝，他都會爭論到底。「龍年」出生的王永慶，早年透過上海幫趙廷箴的關係，認識了蔣經國的次子蔣緯國、台泥集團董事長辜振甫等政商名流，並共組「龍會」。但後來因台塑有意投資花蓮水泥廠，而與辜家漸行漸遠。一九七三年，因與中油競爭三輕（六輕前身）投資計畫，與當時的李國鼎、孫運璿等財政首長發生爭執，李國鼎甚至曾經怒斥王永慶：「你到底知不知道什麼是節制私有資本？」但王永慶還是不改爭取興建輕油裂解廠的初衷。套一句王永慶外甥廖君哲所說的：「我大舅這輩子得罪的人，加起來大概有整座山那麼多。」

毫無疑問，王永慶是強人，是敢跟台灣總統李登輝公然唱反調、與中國國務院副總理朱鎔基提條件的強人。這種不畏權勢的硬頸個性，讓台塑集團挺過了海滄計畫時，兩岸接踵而來的政治壓力。但這種強人性格，也讓人退避三舍。

僅以吃飯這事為例，王永慶有時會邀請官員到家裡用餐聯誼，但因為每次在飯桌上總會對政府「諫言」或指出政策上的盲點，讓一些官員心裡壓力不小。而即使與王家二代子女用餐，王永慶也不喜歡閒話家常，每當子女提出一些輕鬆話題，王永慶總是以「講些有用的事情」打斷，讓現場又一片寂靜。

一名曾獲邀到王永慶家中用餐的媒體高層說，他對王永慶、王永在兄弟並不熟稔，但僅從一場餐聚，就可以感受到王永在對阿兄王永慶的尊重是相當罕見的。當日在十三樓王永慶家中設宴，受邀的媒體人到場後，即與王永慶在客廳聊天。王永在不久後也到場，但他卻坐在偏遠的角落、全程未發言，「這個畫面讓我印象深刻，那時候的王永在也已經七、八十歲了，可以做到這點不容易。」

就算王永在已經七、八十歲，但在王永慶眼裡，他就是弟弟；而阿兄要教訓弟弟是不需要看場合的。一九九四年後六輕全面動工，王永在已跳到第一線親自督軍。一日，雲林縣長廖泉裕帶著雲林縣議員、議長以及雲林台西「地方聞人」林清標，到台塑大樓找總經理王永在閒話家常。不久，董事長王永慶氣呼呼地衝進王永在辦公室，當著所有人的面，指著王永在鼻子破口大罵：「你做什麼總經理？什麼事情都不知道！」

原來有議員私下向王永慶爆料，指出台化有一名許姓財務顧問，私自從台塑集團給六輕當地居民的補償費中，抽取一成作為佣金。由於該名許姓財務顧問早期跟新茂木業總經理蔡崇文熟識，也當過南亞代理商，為人八面玲瓏；當時一些六輕的案子確實由他居中牽線，並處理當地抗爭事宜。因此許顧問自行扣下一成，將其餘九成發放給當地居民。

當下有四、五名訪客，目睹七十八歲的阿兄王永慶痛斥七十二歲的弟弟王永在，一時間不知該如何處理。完全不知事情前因後果的王永在，面對阿兄毫不留情面地批評，他整張臉漲紅、雙眼泛紅，放在桌上的右手不斷以手指輕敲桌面。他沒有為自己辯解一句，一句都沒有。一旁的外甥廖君哲看不下去，想站起來幫三舅王永在講話，卻被王永在一把抓下說：「嘸你ㄟ代誌。」就這樣低著頭、手指輕敲桌子，滿臉漲紅，任憑阿兄「教誨」。

為何王永在不為自己辯護？廖君哲說：「他不敢，一句都不敢回。就氣得眼睛紅紅，然後手一直敲桌子，一直在忍耐。」每次問到為何總座可以如此忍耐？廖君哲總說：「從小押落底了，從小阿嬤又最疼董事長，長幼有序觀念已經很深了。」順便再補一句：「要是我，我就跟他（董座）對吵了。」

廖君哲一畢業就進入台塑大樓採購組工作，在外匯管制時代，所有企業家的資金往來狀況全被官方監控。一九七三年，蔣經國提出十大建設，就邀請國內企業家到財政部七樓喝咖啡，「希望」企業界能慷慨解囊、捐助十大建設。企業界怕稅金查不完，紛紛「共襄盛舉」。「不然你以為台塑集團幹嘛要蓋那個林口體育場給政府？那杯咖啡我也有喝到。」廖君哲說。

原來，早年王永慶的部分資金進出，都是用外甥「廖正雄」的名字。所以在官方資料中，「廖正雄」是有數千萬元進出的企業家，就請他一同來喝咖啡。結果來的卻是一個三十出頭的小夥子。廖君哲說，他就是發現自己已經被「盯上了」、電話常常被監聽；跟大舅王永慶抱怨，王永慶還回他一句：「你有什麼好怕的？」廖君哲說：「後來我就改名為廖君哲了，不然你以為我為什麼叫 Masa ？ Masa 就正雄的『正』呀。」

聽著廖君哲述說兩位舅舅的故事，才會發現即使貴為台灣首富、成為經營之神，還是一如你我，一家人在一起總會有意見不同的時候。「八十七年不吵架」是一個不存在的神話，但王永慶與王永在兩兄弟可以放下彼此的執念，為了兩人心中的理想，彼此讓步、妥協，最終以海外信託方式讓股權永不崩析，實現「台塑永續經營、王家永不分家」的心願——這才是王永慶、王永在昆仲一同寫下的傳奇。

發電廠採購案　引爆兄弟最大衝突

台塑集團成立以來，王永慶負責大方向的政策擬定，如投資計畫；投資計畫拍板後的建廠業務，則由王永在督導。但重大設備採購權，仍緊握在王永慶手中。站在整體經營管理層面考量，王永慶認為設備採購必須「以量制價」，因此他偏好一次購足，甚至會為了殺價額外多買。但王永在站在第一線生產線，會發現買來的設備功能無法滿足需求，或是一次採購過多數量，導致有些設備閒置。最誇張的是，有些設備根本還沒拆封就已經有新機種出現。王永在私下對此頗為不滿，但最終還是任憑阿兄作主。

事實上，王永在冒險填海造陸打造六輕，最重要的關鍵，就是早在一九八六年六輕獲經濟部核准時，王永慶便已下達採購設備的指示。即使當時建廠地點仍未拍板、即使當時宜蘭縣反彈聲浪高漲，都未能影響王永慶的採購決策。最後，六輕落腳宜蘭夢碎，一台台的六輕設備機組已運抵台灣，塞滿台塑集團各個廠區，採購金額逾百億元。

在推動六輕之前，王永在對於王永慶的決策幾乎照單全收。但在王永慶避居美國兩年期間，王永在當家做主、全面掌握集團運作，也展現獨當一面的能力，讓集團上下充分感受到「總座不一樣了」。

一九九四年，六輕全面動工。王永在基於過往數十年累積的工廠管理經驗，順利推動六輕。他透過工程會，讓集團內所有工程單位包括總管理處營建部、四大公司工程部、台朔重工等集團同仁聚首，橫向溝通所有廠區與廠區間的問題，在每次的六輕工程會上討論問題、提出方案、拍板定案，迅速且有魄力地決策，來解決施工現場遇到的困境。而工程相關領域是阿兄王永慶所陌生的，這也是為什麼建廠四年、六輕工程會召開兩百二十五次，但王永慶從來不曾參與。

儘管王永慶從未參加工程會，但重大設備採購案的主導權始終掌握在王永慶手中。而這次的麥寮發電廠採購案，成了王永慶與王永在兩兄弟七十多年來最大的爭執。迄今在台塑集團內，若問起兩兄弟是否曾有意見不合的時候？台塑人總是會心一笑地說：「發電廠設備採購案。」

在王永慶避居美國兩年期間，王永在已經決定向德國廠商購買麥寮發電廠設備。但王永慶回國後，則認為三菱重工的發電機設備其容量設置較大，且因當時日本景氣低迷，因此價格相當優惠。但王永在覺得是「阿兄不懂」，德制設備雖發電容量小一點，但安全性高；並質疑三菱發電設備的管子易破，恐有爆炸之虞。事實上，採蒸汽鼓設備才有可能爆炸；若採用熱水管線只會有破管問題，並無爆炸的疑慮。看在專業經理人眼中，「跟誰買其實都差不多」。

雙方爭執很久、互不讓步，讓卡在中間的專業經理人相當為難。其中，「六輕小組」的召集人王金樹首當其衝；王永在不能對阿兄發脾氣，就只能對王金樹發牢騷。每次發電設備一破管，他就指責王金樹「不該跟三菱買」，王金樹夾在王氏昆仲之間左右為難。最後，王永慶同意部分發電設備向德國業者採購，才結束了兩兄弟七十多年來最大的爭執。

對王永在來說，會對這起設備採購案有如此大的反彈，除了因為自己的決策被翻盤、對三菱重工的設備安全有疑慮之外，另一個重要因素就是「阿兄又一次買太多了」。原來，王永慶除了採購麥寮十六台發電機組外，還一口氣採購七台華陽電廠、兩台洛陽電廠所需機組；讓王永在憂心六輕事件重演，希望有需要再買，不要一次買那麼多。但還是無法勸服阿兄，王永慶仍一口氣將兩岸所需發電設備一次購足。

一九九六年，中國核准華陽電廠興建兩套發電容量六十萬千瓦的機組，並於同年動工。由於蓋廠期間正值福建省缺電，因此地方政府曾允諾以高電價和購電量保證。但在電廠投產後，金融風暴重創亞洲，中國的電力供需形勢一夕變天，地方政府表示無法繼續履行先前的承諾，只能實行限量發電，甚至有意對原本已經談好的二期四台發電機組的協議喊「卡」。

但因二期設備早就買了，再加上發電機組設備體積龐大，如果華陽電廠二期不投資，根本沒地方擺那麼多設備。因此，王永慶和當時的中國國務院總理朱鎔基商量修改條約，修正福建省保證購電的條文，提出「同意讓我蓋，如果福建省沒有用電需求，那就不需要向華陽電廠買電，所有風險我承擔。」王永慶大膽提出的條件，等於將風險全部自行吸收。朱鎔基一口氣答應，於二〇〇一年同意華陽電廠二期四台發電機組建廠計畫。沒想到二期工程完工後，中國景氣迅速復甦，電力需求恢復高檔。中國其他地區都陷入缺電危機，福建省因為華陽電廠二期工程投產，而維持電力滿載。於是福建省恢復向華陽電廠購電，華陽電廠營運轉虧為贏。

這起事件，讓人見識到王永慶的魄力。他認為發電業在中國勢必有前景，即使是在風險自行吸收的情況下，也在所不惜。誠如台塑董事長李志村所言：「董事長對產業的敏銳度非常精準，像DRAM是我們一直很想投資的，但他始終不看好。結果證明，如今回過頭看，不得不佩服他的遠見。」

儲君王文洋遭罷黜　王永在臨危受命重整南科

早在一九九〇年代，負責台塑新事業投資計畫的李志村，就有意跨入EPROM（可擦拭可規劃式唯讀記憶體）市場。因為電子工業的市場大餅是石化產業的三倍，且石化景氣波動較大；若台塑能跨入EPROM產業，不僅可以持續成長、在這個崛起的產業不缺席，還可以調節本業受到石化景氣循環波動的影響。因此台塑主動與美國跟德州儀器（TI）接觸，表明希望能合作EPROM。由於當時日本已主導DRAM（動態隨機存取記憶體）的市場，台塑遂向TI毛遂自薦，如果要在亞洲市場尋找合作夥伴跟日本競爭，台塑是最佳人選。

TI一開始同意免收技轉費，但所生產產品需以低於行情的一定金額全部回售，由TI統一外售。原本雙方協議已近尾聲，沒想到隨著TI人事異動，新總經理一上任，事情就翻盤了。該位總經理認為，EPROM的行情將會過剩，此時台塑再投入生產，恐讓供給過剩情況雪上加霜，因此對於兩方合作計畫喊「卡」。未料，隔年市場大好，供給嚴重不足，因此台塑又去跟TI接觸。剛好TI此時又換了一名日籍總經理石川先生，而石川先生過去在日本第一家生產PVC的Chisso化學公司服務，因此與台塑相見歡，樂於與台塑復談。沒想到，中途又殺出程咬金。

原來，TI有位律師是從輔大畢業的外籍人士，娶的是台籍妻子。這位台灣女士警告其夫，若與台塑集團合作，依台塑的經營能力，等於是為ＴＩ樹立一個競爭對手。ＴＩ因而心生芥蒂，便提出相當嚴苛的合作契約。後來王永慶看了之後非常生氣，再加上原本對ＥＰＲＯＭ產業就沒有好感，因此就對提案的王金樹、李志村丟下一句：「電子工業無號（意即無用）啦！你真的堅持要做可以做，但是不要來問我。」兩人不死心，於是又向總座王永在詢問：「董事長這樣說，那我們是不是可以繼續做，就與ＴＩ簽約？」結果，王永在兩手一攤地回：「董事長都這樣講了，你們要怎麼做？算了啦！」於是兩人只好放棄ＥＰＲＯＭ計畫。

究竟為何王永慶不喜歡ＥＰＲＯＭ產業的投資計畫？王永慶認為，電子產業瞬息萬變，不僅投資金額大、產品生命週期很短，就連已經做到全世界數一數二大的王安電腦都會倒閉，顯見這個產業風險太大。相較之下，石化產業只要擠入全球前十名，無論市場或景氣怎麼波動都很安全，不會說倒就倒。

一九九五年因為日本經濟泡沫，日本廠商難以生存，萌起將技術賣給台灣廠商的念頭。當時在南亞當協理的王文洋，決定向日本OKI（沖電氣株式會社）買技術，而後成立南亞科技公司，從事DRAM的研發、設計、製造與銷售。雖然王金樹與李志村都曾提醒王文洋「你爸爸不贊成DRAM投資」，但由於王永慶還是那句「你要做就不要問我」，並沒有明確阻止；最後王文洋仍決定跨入DRAM產業，踏出台塑集團進入電子產業的第一步。豈知不久後，王文洋的婚外情事件曝光了。

外界總以為王永慶父子決裂，是因為王永慶不滿王文洋的婚外情。但據一名王家成員表示，王永慶主要是認為呂安妮家族背景複雜，不滿呂讓整起婚外情事件越演越烈，要求王文洋「斬斷情絲」到美國讓風波暫歇，但遭到王文洋拒絕；才在心灰意冷下，下令王文洋「出去」，還要革王文洋的職。王永在憂心兩父子決裂，因此私下跟當時的南亞副總經理吳欽仁指示「革職改為停職一年」，並交待「公文簽到我就好」；

最後南亞以「南亞協理王文洋處理呂安妮事件欠妥當」為由，處分停職一年，「以昭炯戒、並觀後效」；而王文洋本人，則一早搭乘飛機前往美國。

一名當時經手此事的南亞高層說：「董座當時確實是要王文洋離開，是當叔叔的總座不忍心，所以改為停職一年，就是希望能化解父子兩人的敵對。」之後，王永在多次在提及王文洋時充滿不捨，曾私下對熟識的媒體說：「家裡沒有在乎多一副碗筷，他應該要回家來幫忙家裡的事業比較好。」

「儲君」王文洋被罷，不僅牽動台塑集團接班布局生變，也開啟了南科多舛的命運。當初王文洋與日商ＯＫＩ購買技術，後來因ＯＫＩ退出市場，南科也被迫轉成深溝式（Trench）技術。當時深溝式技術有三大廠商：東芝（Toshiba）、ＩＢＭ、德國的英飛凌（Infineon）。一九九八年，南科選擇向ＩＢＭ取得授權；兩年後，ＩＢＭ又退出市場。

一九九八年，六輕工程陸續投產；反觀南科，成立以來一路坎坷，營運始終未見好轉，甚至還拖累母公司南亞的獲利，每年股東會上小股東不斷砲轟。王永在決定再次扛起重擔，跳下來重整南科；當時他已高齡七十六歲。王永在接手後，立即複製六輕工程會模式，每周與吳欽仁、連日昌、張家鈁和吳嘉昭等人開會，共組「電子五人小組」，展現挽救南科的決心。

為何當初不乾脆把南科收起來？現任南亞董事長吳嘉昭說：「那麼大的公司不能說收就收，況且南亞是上市公司需要對股東負責。總座認為南科都已經做了，就要把它搞好。所以他六輕工程才忙完，隨即就投入整頓南科，常常拉我們五個人開會，他真的非常認真。」而台塑董事長李志村指出，總座認為南亞做的都是塑膠下游的加工業，以後會慢慢淘汰；現在既然已經投入DRAM，就好好做下去，讓南亞慢慢朝著電子業轉型。

憶起當時開會情景，吳嘉昭說，有時候開會一開就是一下午，總座會問得非常細、追根究柢地問，很快就有了DRAM的常識。而且他數字觀念非常好，對於成本控管得心應手，很快就進入狀況。「因為我也不是電子業本科生，所以我都買書以及跟人討論的方式來學習，所以我會用比較容易理解的辭彙解釋給總座聽，跟總座比較能溝通。」

一九七〇年甫於政大企管系畢業的吳嘉昭進入台塑集團工作，一開始即在台化服務，當時主管台化的正是王永在。待了一年多，吳嘉昭調往台北，此後在總管理處、總經理室各單位歷練，跟王永在有很多機會接觸。

後來，王永在重整南科，吳嘉昭以南亞主任身分參與會議，接觸更為頻繁，常常私下就找吳嘉昭過去討論事情。兩人就隔著桌子，一人拿一台計算機，開始算起每顆DRAM的成本。有一次，吳嘉昭去向王永在報告，兩人談到一半，王永在突然從抽屜拿出一台卡西歐計算機送給吳嘉昭。「那台卡西歐計算機是十四位數，一般計算機是十二位數。有時候我們投資金額大，十二位數不夠算；總座上午特別請總管理處的人去買卡西歐這台十四位數的計算機，買了兩台。我下午去找總座開會，他就拿出來送我。他非常體恤下屬，嚴厲的時候很嚴厲，但真的很照顧員工。」

二〇〇〇年，IBM退出市場，南科只得跟德國英飛凌合作。二〇〇三年，南科與英飛凌合資成立華亞科公司，之後，英飛凌將記憶體部門獨立出去，成立奇夢達公司；華亞科於是成為南科與奇夢達合資的公司，南科第一座十二吋晶圓廠蓋好後，便整廠移轉給華亞科。

從最早的日本OKI、IBM再到英飛凌，南科已三度更換合作夥伴，DRAM產業是一條不歸路，要透過不斷投資、不斷升級技術才有機會勝出。若非王永在跳到第一線決策，對於數百億的投資金額，專業經理人也不敢作主。吳嘉昭認為：「若非總座親自組五人小組開會檢討，南科不可能走到今日。南科跟六輕，總座都是最大的功臣。」

一名在台塑集團工作逾三十年的高層表示：「董座是備受大家景仰的經營之神，總座是陪我們並肩作戰的戰友。對外都是董座發言，但到了晚年，對內董座只管企業制度、企業文化跟重大投資；營運上的事情，很多都是總座說了算。」

晚年的王永慶，只關注一件事情——該如何交棒。為此，王永慶苦惱多年，財務上參考洛克斐勒（Rockefeller）模式，於海外規劃設置五大信託基金；營運上嘗試設置「決策小組」。至於集團內所有事務，已由王永在決策作主。

一九九九年以後，除了重大組織變革、重大投資計畫或重大財務支出外，王永慶鮮少簽署公文；絕大多數集團內例行公事，都由總座王永在拍板定案。實質上，王永在已是手握權杖，號令天下的王者。

第7章

孤隱的王者

最感謝我爸爸就是，他從來不說他為了我做了什麼，而是以行動來表現他愛我。我也不會溫馨地跟他說謝謝。點點滴滴的事情，我都來不及感謝他，也來不及表達父子的親情，我從來沒有跟他說過謝謝。所以，他走了，我非常遺憾再也沒有機會說出口。

——王文淵

終其一生，王永在只當過兩家公司的董事長，一是長庚球場董事長，另一則是財團法人長庚紀念醫院董事長。而這兩家公司，都是阿兄王永慶辭世後才接任的。只要有阿兄在，王永在都不能是名義上當家作主的人。儘管六輕從選址、抽砂填海、廠區設計、機械採購到監工，都由王永在作主。六輕如期投產，一夕之間聞名全球，全世界都知道台灣有個Formosa。但王永在，沒有當過一天台塑集團董事長。

能作主、不能當家，多苦，只有王永在清楚。或許是點滴在心，王永在總是對三個兒子求好心切。他讓王文淵接下專案小組副召集人、帶著王文潮到羅東廠區巡視、茶餘飯後，跟王文堯聊的也是公事。他總是以「總座」的身分告誡三名兒子，卻鮮少以「爸爸」的角色疼惜孩子。不論是長子王文淵、次子王文潮或三子王文堯，沒有人聽過爸爸說一句「我愛你」。因為，王永在的愛，不是用嘴巴說的，而是訓練兒子要有作主的能力、教誨兒子什麼是當家的本事，他要他的兒了能「當家作主」，這就是王永在對兒子們的愛。

二〇〇六年二月十七日，在台塑集團的媒體春酒上，記者們追問世代輪替的問題，王永在以一句「自然形成」回應。坐在一旁的我趁機追問：「是今年宣布嗎？」王永在隨口脫出「當然是今年」後，又補上一句：「這要問董事長，不是我能決定的。」而問到為王文淵以及王文潮分別在台化與台塑化的表現打幾分時，王永在只保守給了六十分。

幾分才能跟父親一樣優秀？王永在笑笑地說：「我只有五十九分，他們六十分已經比我好了。」期待兒子比自己好，是王永在一生的懸念。

二〇〇六年六月五日，台塑發布新聞稿，宣布台塑集團世代輪替。由老臣與二代分權共治，王永慶、王永在兩大家族以及老臣三方勢力共掌台塑集團。王永慶一口氣卸下四十多家關係企業董事長，交棒給以王文淵為首的「最高決策中心」。決策中心委員分別為台塑董事長李志村、南亞董事長吳欽仁、台化董事長王文淵、台塑化董事長王文潮、總管理處總經理楊兆麟、副總經理王瑞瑜；王文淵出任總裁，副總裁則由王瑞華接掌。

六月十二日，例行的六輕工程會，幕僚人員按習慣將「總座　王永在」的名牌放在會議桌中央的主席位。然而，八點鐘，會議一開始，王永在拿起寫著「總裁　王文淵」的名牌，放到會議桌正中央；再把自己的名牌，放在隔壁。

無須言語，王永在以實際行動昭告天下：六輕工程會也「交棒」了。所有在場主管，了然於心。接下來的三場會議，幕僚人員也將主席之位留給王文淵。就連隔日台北總部的午餐會，也開始由王文淵主持，王永在僅以創辦人的身分列席。

他再次隱身於後，看著自己的長子王文淵，成為台塑集團新世代的王者。

交棒之日　王永在十年扎根

為了二〇〇六年六月五日的交棒之日，王永慶苦惱十年、王永在扎根十年。

一九九二年六輕拍板後，王永慶回到睽違近兩年的台灣。六輕計畫全面啟動，王永慶欽點王文洋為六輕小組副召集人，接班意味濃厚。而三大公司合資成立的台塑化公司，則由王永在次子王文潮出任經理，並將當時最受重用的中生代台塑主任蘇啟邑轉任台塑化主任，從旁協助王文潮開創新局；而王文淵則接下將台化由化纖下游往石化中游轉型的重任。兩大家族三子，同時承擔重任。

然而，由於六輕廠區設計複雜、投資金額龐大，對當時四十一歲的王文洋來說，是艱難的挑戰。於是王永在親上火線、統領大局；王文洋則將重心放在DRAM新事業的布局。未料，王文洋婚外情事件曝光，讓王永慶大動肝火，下令他離開。王文洋於一九九五年十一月七日離開了台塑集團，此後與父親漸行漸遠，更牽動台塑集團的接班布局。

一九九六年，六輕工程如火如荼進行；南科卻因製程問題，營運陷入困境。王永在臨危受命，重整南科；王文淵則接下六輕小組副召集人，全力協助召集人王金樹推動六輕。

一九九七年，六輕工程進入尾聲，王永慶論功行賞。十一月七日，台塑集團頒布歷年最大人事命令，專業經理人王金樹升任台塑副董事長，李志村、吳欽仁升任總經理，王文潮升任台塑化協理。這一天，剛好是王文洋離開的兩週年。這一年，王永慶八十歲了，已開始思索這龐大的石化王國該如何傳承下去。

一九九八年六輕開始投產後，台塑集團營運進入快速起飛期，王文淵升任為台化總經理。在那一年的南亞董事會上，「董事」王文洋遭除名，王文洋回家之路迢迢；王永在家族撐起集團半邊天。該年台塑集團合計營收為三千二百七十四億元，利益額為二百三十四億元。一九九九年，隨著台塑化 OL-1（第一套輕油裂解廠）投產，集團營收與利益額同步成長，其中營收增至三千七百八十八億元，利益額更大幅成長至三百七十六億元。

一九九九年底，台塑化煉油廠落成前夕，台塑化準備向現貨市場購油，同時也尋找油公司簽署長期供應合約。按台塑集團作業流程，所有採購案都必須上呈給高層；但原油市場行情瞬息萬變，繁縟的公文流程將延宕採購進度。最終，王永在授權，原油採購案核決權由台塑化協理王文潮拍板即可。僅從金額動輒高達百億元的原油採購權獨獨由王永在家族所掌，即可看出王永在於集團內的份量與日俱增。

雖然台塑集團在國內穩居第一大石化龍頭，但在煉油業，台塑化是名新兵，在拜訪世界各國油公司時受盡各種「質問」。像是全球最大石油公司——沙烏地阿拉伯ARAMCO——的新加坡事業部主管，一開口就問了三個問題：「你們在國內油品市場的市占率多少？你們有經營過煉油廠嗎？那你們要如何生存？」前面兩個問題，台塑化的答案分別是「零」跟「沒有」。至於第三個問題，台塑化直接請對方來台灣看六輕石化園區，讓他們自己來解答。

部分看過六輕的油商願意開始少量出貨；但也有油商堅持要台塑化三家母公司（台塑、南亞、台化）的總經理開具「履約保證信」（Paper undertaking）證明台塑化的還款能力，才願意交易油品。對於油商的「羞辱」，台塑化只能回頭拜託三家母公司幫忙，才順利買到原油。二〇〇〇年，台塑化油品上市，成為國內第一家民營油品業者；但因油品現貨市場低迷，營運未見好轉。二〇〇二年，台塑化雖在油品市場占有一席之地，但獲利方面仍未穩定。

直到二〇〇三年SARS過後，全球景氣回春，台塑化油品獲利爆發驚人成長，台塑化才真正步上正軌。二〇〇四年，台塑集團營收首次破兆，高達一兆兩千零二十一億元，年增三六％、盈餘高達二二六五．九億元、年增一五〇％；其中台塑化獲利五百三十九億元，貢獻集團盈餘占比高達四分之一。台塑化終於擺脫「拖油瓶」的陰影，一躍成為四寶火車頭。

十年之間的一切榮耀，外界自然歸於王永慶。唯有台塑內部的人知情：檯面上，「經營之神」王永慶永遠是台塑集團的代名詞。但檯面下，在王永慶的晚年，王永在才是真正日理萬機的台塑集團舵手。

當家一輩子　總裁人選王永慶讓王永在作主

為了防止惡意併購以及股權隨著王家二代子女繼承而稀釋，台塑集團很早就研究國外幾大家族企業的交棒模式，包括杜邦集團、洛克斐勒家族等等。但研究歸研究，始終未具體進行。

一名長年跟隨王永慶的王家親友透露，王永慶很早就有不讓子女繼承太多財產的想法，他認為給孩子太多財富是害了孩子。甚至早在一九八〇年初就曾說：「其實當我的小孩很可憐，因為他們失去了奮鬥的目標。為什麼一定要給自己的小孩接棒？難道自己的小孩就一定比較優秀嗎？」雖然王永慶一度有意栽培王文洋為接班人選，但在父子決裂之後，王永慶更為篤定，要讓台塑集團走向百年企業，就應該依循洛克斐勒家族傳賢不傳子的「經營權與所有權分離」交棒模式。

創立標準石油（Standard Oil）的洛克斐勒家族第一代約翰・戴維森・洛克斐勒（John Davison Rockefeller, 1839-1937），在一八九七年六十歲時交棒。他沒有把家族事業的經營權交棒給獨子，而是欽點老臣阿奇博爾德（John D. Archbold）掌管。其手上的公司股權絕大多數信託，信託基金如何運作，必須經過全體家族委員會的同意，避免原本股權因世世代代繼承而稀釋。此奠定了經營權與所有權分離的制度，讓洛克斐勒家族成為今日的百年企業。

二〇〇〇年前後，王永慶著手布局。在所有權方面，將絕大多數王永慶與王永在共有的四寶股權，規劃在海外設立五大信託來持有。在經營權方面，則設立決策委員會，以集體決策方式運作。

據說，王永慶本來希望王家二代子女們能退居幕後單純當大股東，集團經營權則交給專業經理人，因為「經營不好，專業經理人可以隨時換。假如是自己的兒女管理，做不好你沒有辦法換人。況且，不可能自己的子孫都有『才調』（閩南語，即能力之意）撐起整個集團，因此應該建立專業經理人制度，才能讓台塑集團永續經營」。然而，對於阿兄的想法，王永在無法全盤接受，王永在認為，經營權跟所有權分離是未來努力的方向；但就現階段來說，在整個六輕興建的過程中，長子王文淵及次子王文潮都全程參與，「是熬過來的，沒有在玩」；他們兩人雖是王家二代，但也是參與公司運作十幾、二十年的專業經理人。就如同當年的王文洋一樣，既然兩子有能力撐起一片天，應該要給他們公平的機會。雙方看法不同，僵持不下。

王永慶於二〇〇一年七月二十六日，主動對媒體表示將成立行政中心或決策小組，為未來交棒鋪路。隔年，行政中心五人小組成立。台塑總經理李志村、南亞總經理吳欽仁、總管理處總經理楊兆麟、台化總經理王文淵以及台塑化協理王文潮為小組委員。二〇〇三年，回台定居兩年的王永慶三房長女王瑞華也進入決策小組，行政中心微調為六人小組。

王永慶不排斥老臣與二代分權共治的階段性接班模式，但認為應該由專業經理人執掌兵符，才能建立制度，落實經營權與所有權分離。他甚至私下曾徵詢數人，是否有意願接掌兵符。但眾人擔憂，在兩位大老闆沒有取得共識的情況下，接下權杖恐將挑起兩家族的紛爭，因此紛紛婉拒。

二〇〇六年六月五日，成立五十二年的台塑集團正式世代輪替。由王文淵出任總裁，副總裁為王瑞華。

對於接班的過程，王文潮說，當時董座對於「經營權跟所有權分離」要怎麼落實，還沒有很清楚的概念。因為聘僱專業經理人來掌舵有其好處，就是做不好可以隨時換人；但家族成員掌兵符也有長處，正是因為大股東的身分，所以更有切身感、更勇於決策。而大哥王文淵在二代成員中，不僅經驗最多、輩分也最高，「我們家很注重長幼有序，阿嬤王詹樣更是以長子為重，這也是我爸爸這一生都很敬重董座的原因。」

從不追求個人光環、從未享受掌聲，王永在不在乎他拼老命蓋的六輕讓台塑集團聞名全球，卻沒人知道誰是 Y.T. Wang 。但他堅持「長幼有序」，因為這是他一輩子以兄為尊、隱身在經營之神的光芒下，無怨也無悔的主因。最終，王永慶妥協了——同意由王永在欽點長子王文淵為王家二代掌門人。

當家一輩子，權杖交給誰這最重要的事，阿兄讓弟弟作主了。

任性的夫婿　缺席的爸爸

台塑集團總裁王文淵接受媒體採訪時曾說：「我爸爸是全世界最好的弟弟。」但在家庭的國度裡，王永在是任性的夫婿，也是缺席的父親。

一九四二年，王永在經媒妁之言娶了新店直潭的鄰居、小他一歲的王碧鑾。婚後，王永在與妻子在嘉義過著新婚生活，生下了長子王文淵。之後王永在往羅東創業，舉家搬往羅東開啟新生活。雖然王永在為了木材生意常上酒店，但夫妻感情很好；十年內，王碧鑾也陸續產下長女王雪清、次子王文潮及次女王雪敏、三女王雪洸。

直到一九五八年，王永在接到阿兄一通電話，結束了羅東的木材事業，南下台塑高雄廠；也因此遇見了當時年僅十八歲、小他十九歲的周由美。

兩人迅速陷入熱戀，並於一九六三年生下王文堯，周由美也成了王永在的二夫人。王永在經常開車載周由美外出，甚至連出國考察也帶著周由美同行。就連晚年台塑集團每年舉辦的運動會，王永在也年年偕同周由美出席，從未見過大房王碧鑾現身。

直到二〇一四年十一月八日台塑集團第三十三屆運動會上，王永在的大房王碧鑾才坐著輪椅出現在司令台前，看著在台前主持運動會的長子王文淵。台上已見不到周由美的身影。而大家長王永在，則在林口長庚醫院療養，與世隔絕。

對於父親王永在的另一個家庭，王文潮認為，那時候的社會環境很容易造成這種事情發生。男人在外做生意、女人守在家裡，時間一久，就會有很大的差異；兩人說不上話，漸漸就發生這種事情。「這是長輩的事情，我不能過問。」

而作為父親，即使是在家庭的領域，王永在都以阿兄的意見為主。早年所有王家二代的教育及教養問題，都由王永慶決定。例如在羅東出生的王文潮，念完小學二年級便跟著父親到高雄居住。有一次，剛好伯父王永慶南下高雄視察工廠，看到他跟鄰居小孩跑到一個高塔附近放風箏，「我伯父就認為高雄不是一個很好學習的地方，當晚他就把我帶到台北，我就跟著伯父他們一起住在三條通那邊，後來念長安國小。畢業後就跟王文洋一起到英國念書了，念了十多年才回來。」

會不會覺得跟父親相處的時間太短就出國了？王文潮笑笑地說：「我好歹跟父親在高雄住過半年，總裁（王文淵）是當初從宜蘭離開的時候，就已經直接在台北沒有下高雄了。」小學一畢業，王文淵就和王永慶的長女王貴雲一起到英國當小留學生。一九六四年，王文潮與王文洋、王雪齡及王雪清也跟著他們的腳步，一起到英國求學；那一年，同父異母的弟弟王文堯，剛好一歲。

年僅十三歲，王文潮就跟王文洋等人一起進入 St. John's School, Leatherhead 住宿學校。這所學校標榜軍事化管理，整個學校除了王文潮等人是華人外，其餘全是英國人。剛到學校的第一週必須一起行動，一旦落單，就會成為老外同學們攻擊的對象。但是，打了幾次架，也就融入了團體；平日住寄宿學校，放假時就回到伯父王永慶在倫敦西北十一區購買的兩層樓建築。

那段時間，因為王文淵是王家二代年紀最長的大哥，家裡大小事都由他安排，甚至排值日生要大家輪流煮飯、除草。原本不會煮飯的王家二代，因為肚子餓也只能自謀出路，憑著記憶做起蛋炒飯、羅宋湯，後來廚藝精進到義大利麵與西班牙燉飯都不成問題。後來因為王文淵到美國念書，王文洋便開始「任由草叢生」，王文潮也就「看著辦」，王家二代成員的「同居歲月」才慢慢畫下句點。而在這段期間，王永慶飛到英國來探望所有王家二代成員的次數，遠比王永在多。

從國中、高中到大學，甚至後來到美國的台塑幫忙，整整二十年，王文潮都鮮少見過父親。直到一九八四年返回台灣進入台塑集團工作，王文潮才開始重新認識父親。對於相隔多年再與父親朝夕相處，王文潮坦承「很不熟」。雖然知道與父親是血脈相連，但兩人獨處時經常不知道該說什麼，「因為爸爸本來就不善表達，尤其他管理公司這麼久了，已經習慣以成熟的態度跟成人相處。他習慣以『總座』的身分跟我們說話，而不是爸爸的角色。他可以跟很小的小孩玩，像是跟我兒子、他的孫子，但他不懂得跟怎麼跟他的兒子、也就是我說話，因為我們很不熟，畢竟我已經很久不在他身邊了。」對於弟弟王文堯，王文潮更感陌生；畢竟兩人的第一次見面，已是一九八七年王文潮結婚當日，當時二十四歲的弟弟王文堯隨著父親出席婚宴。

進入台塑集團工作之後，跟著父親出席「辛酉會」，觀察父親跟政商名流的應對進退；跟著父親到廠區看工廠、學習經營管理之道，聽著姐夫吳國雄、林豐欽說著公司的事情，王文潮才慢慢拼湊起父親王永在的全貌。他說，爸爸最愛的就是跑工地跟工廠，他會週日找兒子一起去宜蘭看工廠，去看南纖或台化的紡織廠，跟他們說這東西該怎麼做、該怎麼改。有次到南亞林口廠，爸爸看到噴漆沒做好，就叫人全部拆下，重新弄好再裝上去。「因為他知道，如果現在不修補，等到整個架子架上去之後就沒辦法補了。所以爸爸會盯到很細的細節，他做事情就是這樣。」

王文潮說，父親不是那種會說「我愛你」的人，「他從來都沒有說過，因為他的愛是那種要教導你、讓你會做事情，而不是『疼惜』。他覺得讓你懂得做人做事的道理，才是重要的。你可以做到，他就很高興；你沒做到，他就不高興。對我來說，在工作時候的他，很好相處。因為只要達到他的標準，他就不會說什麼。如果達不到，可能他就會很嚴厲。」

從阿嬤王詹樣樹立起長幼有序的家風，王永在一輩子敬重阿兄，看待自己的三個兒子，王永在是最在意王文淵、最放心王文潮，最掛念王文堯。與王文堯相隔四十一歲，王永在老來得子，卻也因為年紀差距無法溝通。他經常當面指責王文堯的不懂事，但私底下卻又常常為王文堯的事情奔走。就連王文堯要在長庚球場邀請三十多人參加聚會，王永在貴為老闆，還會先跟場區主管打聲招呼、尊重球場主管的主導權，然後不好意思地說：「阿堯這個孩子就是好動，讓他在球場打個球就高高興興；不讓他打，出去哪邊玩都不知道也不好。」言談中充滿了為人父的關愛。

談起父親，王文堯說：「他雖然跟我相處時間不多，但是在工作做完後，他都會擠出時間來跟我們談談。無庸置疑，對父親的不捨和思念是無法以言語形容的。」王永在七十歲還肩挑六輕的重任，當時王文堯年僅二十九歲，無法像兩位哥哥一樣，在第一線協助父親；王永在也無暇教導王文堯，父子間的互動仍平淡。直到二〇〇六年王永在交棒後，長時間與二房同住明水路家中，王永在才重拾悠閒的居家生活，陪同習畫近三十年的周由美作畫。

二〇一四年六月一日，「第二屆台灣書畫百人大展」在中正紀念堂中正藝廊展覽，周由美的作品「荷塘池畔」受邀參展。周由美一人出席展覽，未有家人陪同。但台塑集團六上市公司以及王永慶二房成員王文洋、王雪紅、王雪齡等人，皆致贈花籃祝賀。近二十盆花海一字排開，展現「王永在二夫人」的氣勢。

在會場上，我曾問周由美：「總座是否會對您的創作給予意見？」周由美笑著說：「有呀！我畫好、畫不好、他都給我意見。他很支持我學畫，甚至還曾經在我一副蘭竹畫上題字。他毛筆字寫得真是不錯，那作品，我珍藏起來。」問及枕邊人王永在的狀況，周由美當時僅說，情況穩定，因年事已高所以鮮少露面，「以前我辦畫展，他都會出席。」而當時王永在已在醫院修養年餘。

與王碧鑾結髮近七十年，王永在總是缺席。在感情的國度裡，王永在是任性的，王碧鑾永遠無聲的包容。王永在雖疼愛周由美，經常將她帶在身旁，但也明白王碧鑾的苦。雖然感情上無法專屬王碧鑾，但完全不曾動搖她的正室地位。數十年來，即使在外應酬再晚，王永在每晚都會回到他與王碧鑾同住的延壽寓所。直到晚年，才偶爾住在周由美的大直明水路寓所。而他與大房王碧鑾所生的王文淵與王文潮，是握有實權的接班人；他與周由美所生的王文堯，卻也還是保有他應得的一席之地。

遺囑交代王家憲法？ 王文潮：「據我所知沒有。」

情義與愛情，王永在不僅分寸拿捏得宜，更把握自己僅有的清楚意識，在王永慶逝世後即交代「大掌櫃」洪文雄，所有財務支出不論是公司投資或私人用途，全都得經由總裁王文淵簽署核准才得動支。並簽署了一份授權書，委由王文淵全權處理他名下財產。

但也有一說指出，王永在曾預立遺囑。二〇〇八年王永慶驟逝後，王永在眼看阿兄二房長子王文洋為了遺產寄存證信函給三房，要求公布王永慶名下所有財產；他痛心疾首，甚至怒斥：「我還在！是要分什麼啦！」王永在不希望子女爭奪遺產的醜聞再次重演，他也清楚阿茲海默症將慢慢吞蝕自己的意識，因此據說曾在二〇一〇年間以全程錄影的方式留下遺囑，規範所有王家子孫該如何「和平共掌」他與阿兄打下的江山。

一王家親友指出，王永在於二〇一〇年立下的遺囑，不僅白紙黑字記載下來，現場還有律師和第三公正人在場，但從未告知任何一名子女，僅少數人知情，「應該會等到功德圓滿（即辭世四十九天後），遺囑內容才會陸續曝光。」而遺囑內容中最關鍵的，是王永在對財團法人長庚紀念醫院基金會以及海外五大信託的管理機制有明確安排，不論是長庚醫院或二〇〇一年至二〇〇五年於海外成立的五大信託，都應該由阿兄王永慶的二房、三房，以及自己的大房、二房等總計四房家族成員共同掌管。至於各家族要推派何人出任信託管理委員會的代表，則由各家族自行決定。

對於父親王永在是否立下遺囑一事，王文潮說，晚年父親已感覺自己的阿茲海默症病情惡化、意識不穩，所以才會明白指示「所有財務支出都要經由總裁王文淵核准」。就他所知，父親並未立下遺囑，「至少，我到現在還沒有看到所謂的遺囑。但我父親也不需要立遺囑交代什麼，因為我們都清楚他的想法，他就是希望台塑企業能永續經營，家族能和睦共處。」

二〇〇六年六月五日，台塑集團世代輪替後，王永慶將兄弟倆創辦的三所大學（長庚大學、長庚護專、明志科技大學）之校長一職，交棒給三房長女婿楊定一，王永慶僅保留長庚球場以及長庚醫院董事長兩個頭銜。十月底，台塑集團總管理處上呈一只公文給創辦人王永在，上面載明台塑集團「金脈」──財團法人長庚紀念醫院──的董事長，將由楊定一接掌。總座王永在原本當日簽署核准，但隔日覺得事有蹊翹才追回公文，並怒擲公文質疑：「王長庚是我爸爸，這間醫院是為了紀念他才成立的，董事長怎麼可以不姓王？」最後，財團法人長庚醫院董事長仍維持由王永慶出任，才化解了這一起茶壺裡的風暴。

自王永在於二〇一四年十一月二十七日辭世後，財團法人長庚紀念醫院董事長的改選就備受關注。十五席董事中，五席王家成員分別為王永在、王文淵、王永慶二房長女王貴雲、王永慶三房長女婿楊定一、王永慶三房三女王瑞慧；社會賢達代表分別為台塑董事長李志村、總管理處總經理楊兆麟、總管理處資深副總傳陳卿、西門醫院院長林澤安等四人；醫療專業代表，則有長庚醫院包括廖張京棣、李石曾、王清貞、吳正雄、王正儀以及創院院長吳德朗等六人。

若將王永慶出任董座時期的長庚董事名單與王永在掌舵時期相比，可發現台塑集團高層出任董事席次減少了一席；而長庚醫院醫師出任董事席次，卻從五席增至六席。董事席次的消長，也代表母集團台塑集團對長庚醫院的掌控力已出現質變。

據了解，當時台塑集團規劃的「十五席長庚董事名單」中，南亞董事長吳欽仁以社會賢達身分，仍名列長庚董事名單中，而這份名單也經台塑集團總裁王文淵簽署核可。未料改選結果卻是，吳欽仁未能進入董事會，反而長庚醫師代表增加了一名。長庚醫師代表總計取得六席席次，此改選結果破壞了長庚自一九七六年成立以來，王家人、社會賢達以及長庚醫師於十五席中各占三分之一的平衡；在集團內部被稱為「長庚叛變事件」。

王永在辭世後，若台塑集團總裁王文淵能「子承父棒」接下長庚董座；毫無疑問，王文淵已成為台塑集團的新共主。然而，二〇一四年十二月十九日，長庚董事會跌破眼鏡，同時提名王永慶三房李寶珠與王文潮並列長庚董事名單；李寶珠更於三十日董事會上，由長庚醫院顧問吳德朗推舉為董座，並通過董事會決議。這等於宣告，台塑集團的「事權」為王文淵所掌，但「金脈」握在李寶珠手中——有事，兩大家族還是得坐下慢慢談。

由於財團法人長庚紀念醫院為台塑三寶第一大股東，持有台塑股權高達九·四五％、南亞一一·〇五％，台化股權更高達一八·五八％；若再加上握有台塑化五·五一％股權，長庚醫院擁有的台塑四寶股權市值逼近兩千億元，宛如台塑集團控股公司之地位。如今，李寶珠成為長庚醫院的掌舵者，在集團內扮演的角色，自幕後浮出檯面。而長庚董座人選，從二〇〇六年的楊定一，到此次獲得長庚體系推舉而上位的李寶珠，可窺知三房成員向來是長庚醫院董座的熱門人選。

根據兩大家族協商，李寶珠取得長庚董座後，王永慶二房與三房家族在長庚醫院的董事席次僅能有兩席。既然李寶珠作為三房代表、王貴雲為二房代表，三房三女王瑞慧就必須退出；該董事席次應由王永在二房長子王文堯接手。如此一來，即可達到兩家族四股勢力共掌長庚的平衡狀態。但由於王瑞慧在長庚體系服務逾十餘年，無法接受「一聲令下」就退出董事會。幾經溝通下，亦取得王永在家族的體諒，王瑞慧退出長庚董事會的時程將延後數月。

除了對國內信託交代清楚之外，王家親友指出，王永在遺囑中也提及海外信託的安排。王永慶與王永在兩兄弟於二〇〇一年至二〇〇五年間，分別於美國及百慕達成立五大信託。其中台塑美國跟美國 Inteplast 公司股權，信託給美國成立的 New Mighty Trust；其餘四大信託設於百慕達，分別是二〇〇一年成立的 Grand View Private Trust Company Ltd.、二〇〇二年成立的 Transglobe Private Trust Company Ltd.、二〇〇五年成立的 Vantura Private Trust Company Ltd.，以及 Universal Link

Private Trust Company Ltd.。百慕達四大信託的資產，主要是台塑集團非美國事業，包括台灣上市櫃集團股票如台塑、南亞、台化、台塑化等股票，以及中國華陽電廠的持股。按王永慶二房長子王文洋遞交的海外訴訟狀中估計，百慕達四大信託分別直接持有台塑一四．六％股權、南亞八．五％、台化一八．七％，以及台塑化三．四％；對台塑集團的重要性不亞於長庚醫院，是台塑集團海外的小金庫。

據該名王家親友指出，王永在遺囑中表示海外信託也比照長庚醫院，由王永慶、王永在兩大家族總計四房成員掌管；同樣的，各房代表則由各房自行推舉。然而，由於王文洋已於美國、百慕達、香港等地遞狀訴訟，質疑百慕達四大信託的過程不合法，目的在於打破百慕達四大信託，要求把四大信託的股票歸還給王永慶遺產的眾合法繼承人；因此兩大家族成員該如何協商，王永在生前遺願是否能讓姪子王文洋掀起的海外訴訟大戰儘早落幕，讓台塑集團如兩位創辦人期盼的「股權永不崩析、台塑集團永續經營」，成為外界關注的焦點。

二〇〇五年的最後一天，在王永在二樓辦公室內，我曾經問王永在：「企業最重要的是什麼？」王永在聲音宏亮、精神抖擻地說：「要對得起社會、對得起股東。你看我現在已經八十五歲了，人會老、朝代會換，從盤古開天到現在換了多少代；但是公司不老、不死。做一個企業，就是要對得起股東，要讓企業永續經營。」再進一步問他：「是否會比照國外成立公益基金的方式，讓台塑集團永續經營？」王永在盯著我看，慢慢地說：「成立基金的目的，就是讓股權不要散，不要說分給誰誰誰，然後公司就隨隨便便把經營權弄不見了，這樣怎麼對得起股東？如果股權可以不散，怎麼好、怎麼做，公司就可以一直經營下去。現在，我們四家公司都是總經理做主，都是專業經理人，我只是簽個字，決策都是他們擬的。王文淵跟王文潮只是姓王，但他們跟台塑的李總、南亞的吳總沒什麼不一樣，都是專業經理人。」

對於這段話，當時的我沒有理解。只覺得這四兩撥千金的答案，並未證實台塑王家海外信託一事，僅是內部茶餘飯後的傳聞而已。如今，回頭再看，才發現這是王永在的心底話，是他與阿兄努力一輩子最終的目標。

即使是辭世，阿兄王永慶都像生前一樣成為所有鎂光燈的焦點。他意外地驟逝美國，宛如流星般殞落，留下一個大大的驚嘆號。最難接受的，就是當了他八十七年弟弟的王永在。那句淒厲的「阿兄」，道盡王永在心中的不捨、訴盡來不及說的遺憾。

對於龐大的王國，王永慶沒有留下隻字片語。眼見阿兄屍骨未寒，二房與三房成員就對簿公堂，王永在既心酸又憤怒。這是王永在與阿兄辛苦一輩子打下的江山、開闢出來的王國；他們兩兄弟的遺願，就是台塑集團永續經營、股權永不分家。他希望王家所有子子孫孫謹記「王家永不分家」，他希望王家二代成員能代他完成阿兄生前的最後一個任務——讓台塑集團永續經營。

用盡大半輩子來成就阿兄王永慶，晚年則苦心為子女們盤算。王永在的一生不曾追求自我，也未曾享受一天的掌聲。他選擇將舞台讓給阿兄王永慶與長子王文淵。

他，是一位孤隱的王者。

附錄

王永慶、王永在兩大家族表

王永慶家族表

王永慶三位夫人	子女—配偶	
大房　王月蘭（歿）	未生下子女	
二房　王楊嬌（歿）	長子	王文洋・宏仁集團總裁—元配陳怡靜（歿）、女友呂安妮
	次子	王文祥・美國JM Eagle公司總裁—范文華
	長女	王貴雲・南亞鋁門窗部副總—陳徹・自宏仁集團退休
	次女	王雪齡—簡明仁・大眾電腦創辦人
	三女	王雪紅・宏達電董事長—陳文琦・威盛電子總經理
三房　李寶珠	長女	王瑞華・台塑集團副總裁—楊定一・長庚生技董事長
	次女	王瑞瑜・台塑集團總管理處執行副總經理
	三女	王瑞慧・長庚管理中心副主任
	四女	王瑞容・長庚醫院特助—方國強・設計師

王永在家族表

王永在兩位夫人		子女—配偶
大房　王碧鑾	長子	王文淵・台塑集團總裁—鄧美苓
	次子	王文潮・南亞光電董事長—陳安靜
	長女	王雪清・南亞協理—林豐欽・南亞資深副總
	次女	王雪敏—吳國雄・台朔重工總經理
	三女	王雪洸—張家鈁・南亞電路板總經理
二房　周由美	長子	王文堯・南亞資深副總—林仟惠
	長女	王雪蕙—周令侃・中塑油品董事長
	次女	王欣蓉・南亞協理—陳世俊

孤隱的王者——台塑守護之神王永在／姚惠珍著 --初版.-- 台北市：時報文化，2015.2； 面； 公分
（PEOPLE 叢書；389）
ISBN 978-957-13-6182-6（平裝）
1. 王永在 2. 企業家 3. 台灣傳記
490.9933 104000241

封面照片｜邵宏祥攝影．《財訊》雜誌提供
內頁照片｜王永在家族與姚惠珍提供

PED0389

孤隱的王者——台塑守護之神王永在

作者 姚惠珍｜**主編** 陳盈華｜**封面設計** 陳文德｜**年表設計** 莊謹銘｜**執行企劃** 楊齡媛｜**董事長．總經理** 趙政岷｜**總編輯** 余宜芳｜**出版者** 時報文化出版企業股份有限公司 10803 台北市和平西路三段240號3樓 **發行專線**—(02)2306-6842 **讀者服務專線**—0800-231-705．(02)2304-7103 **讀者服務傳真**—(02)2304-6858 **郵撥**—19344724 時報文化出版公司 **信箱**—台北郵政 79-99 信箱 **時報悅讀網**—http://www.readingtimes.com.tw｜**法律顧問** 理律法律事務所 陳長文律師、李念祖律師｜**印刷** 勁達印刷有限公司｜**初版一刷** 2015年2月6日｜**初版三刷** 2015年3月3日｜**定價** 新台幣350元｜行政院新聞局局版北市業字第80號｜